普通高等教育电气类规划教材

发电厂及变电站 二次回路

U0248708

郭明良　主编　　王越明　副主编

化学工业出版社

·北京·

图书在版编目（CIP）数据

发电厂及变电站二次回路/郭明良主编. —北京：
化学工业出版社，2016.7（2023.10重印）
普通高等教育电气类规划教材
ISBN 978-7-122-27042-9

Ⅰ.①发… Ⅱ.①郭… Ⅲ.①发电厂-二次系统
②变电所-二次系统 Ⅳ.①TM645.2

中国版本图书馆 CIP 数据核字（2016）第 099860 号

责任编辑：高墨荣　　　　　　　　　　　　文字编辑：徐卿华
责任校对：王素芹　　　　　　　　　　　　装帧设计：刘丽华

出版发行：化学工业出版社（北京市东城区青年湖南街 13 号　邮政编码 100011）
印　　装：北京印刷集团有限责任公司
710mm×1000mm　1/16　印张 10¼　字数 196 千字　2023 年 10 月北京第 1 版第 7 次印刷

购书咨询：010-64518888　　　　　　　售后服务：010-64518899
网　　址：http://www.cip.com.cn
凡购买本书，如有缺损质量问题，本社销售中心负责调换。

定　　价：36.00 元

电力系统是国民经济的重要能源部门，它的功能是将自然界的一次能源通过发电动力装置转化成电能，再经输电、变电和配电将电能供应到各用户。为实现这一功能，电力系统在各个环节和不同层次还具有相应的信息与控制系统，对电能的生产过程进行测量、调节、控制、保护、通信和调度，以保证用户获得安全、经济、优质的电能。二次回路即在电力系统中起保护、控制、测量、监察的重要作用，它在保证电力生产的安全，向用户提供合格的电能等方面都起着极其重要的作用。

本书在编写过程中，以有关国家标准、行业标准和专业性文件为指导，收集了近年来与本书有关的技术资料结合现场实际，加以整理、补充和完善。

本书共9章，较全面系统地介绍了发电厂及变电站二次回路的组成、工作原理。内容主要包括二次回路的基本概念及接线图、互感器及其二次回路、测量回路、同步系统、断路器的控制与信号电路、隔离开关的控制和闭锁电路、中央信号及其他信号系统、发电机及变压器的二次回路、操作电源系统等，内容深入浅出，简明扼要，方便读者选择学习阅读。

本书适合作大专院校电气工程等专业教学用书和电力工程技术人员的培训教材，亦可作为广大从事电气二次回路设计、安装、运行和调试的工程技术人员的参考用书。

本书由黑龙江科技大学郭明良任主编。王越明任副主编。全书共9章，第1章、第2章、第8章由黑龙江科技大学郭明良编写，第3~6章由黑龙江科技大学王越明编写，第7章、第9章由黑龙江科技大学王朋编写，杨庆江同志主审。

读者如需要本书的电子课件，可发邮件至 wym-angle@163.com。

由于水平有限，时间仓促，疏漏及不妥之处在所难免，恳请读者指正。

编 者

附录 **143**

参考文献 **154**

第1章
二次回路概述

1.1 二次回路的基本概念

电力系统是由发电、输电、变电、配电和用电等环节组成的电能生产与消费系统。它的功能是将自然界的一次能源通过发电动力装置转化成电能,再经输电、变电和配电将电能供应到各个用户。为实现这一功能,电力系统在各个环节和不同层次还具有相应的信息与控制系统,对电能的生产过程进行测量、调节、控制、保护、通信和调度,以保证用户获得安全、经济、优质的电能。电力系统示意图如图1-1所示。

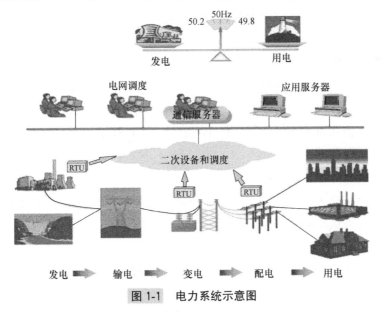

图 1-1　电力系统示意图

电力系统中完成发电、输电、变电、配电功能的设备称为一次设备(或主设备),一次设备有发电机、变压器、母线、输配电线路、断路器、隔离开关、电抗器、电压互感器、电流互感器、避雷器、高压熔断器等;完成测量、调节、控制、保护等功能的低压设备称为二次设备（也称辅助设备），二次设备包括测量仪表、控制和信号器具、继电保护装置、自动装置、远动装置、操作电源、控制电缆和熔断器等。

发电厂或变电站内一次设备按照工作关系互相连接而构成的电路称为一次回路（或主回路），而把二次设备相互连接而构成的电路称为二次回路。

二次回路的基本任务是反映一次设备的工作状态、控制和调节一次设备，并且当一次设备发生故障时，能使故障部分迅速退出工作，以保证电力系统正常运行。二次回路是电力系统安全生产、经济运行、可靠供电的重要保障，是发电厂和变电所中不可缺少的重要组成部分。

二次回路由以下六部分组成，即控制回路、信号回路、测量回路、调节回路、继电保护和自动装置回路以及操作电源回路。

（1）控制回路

由控制开关、控制对象（断路器、隔离开关）的传递机构及操作（或执行）机构组成。其作用是对一次开关设备进行"跳闸"或"合闸"操作。

控制回路按控制距离可分为就地控制和距离控制两种；按自动化程度可分为手动控制和自动控制两种；按控制方式可分为集中控制和分散控制两种，对于集中控制又分为"一对一"控制和"一对 N"的选线控制两种，而对于分散控制只有"一对一"；按电源的性质可分为交流操作和直流操作两种；按电源电压和电流的大小可分为强电控制和弱电控制两种，强电控制采用较高电压（直流 110V 或 220V）和较大电流（交流 5A），弱电控制采用较低电压（直流 60V 以下，交流 50V 以下）和较小电流（交流 0.5～1A）。

（2）信号回路

由信号发送机构、传送机构及信号器具组成。其作用是反映一、二次设备的工作状态。信号回路按信号性质可分为事故信号、预告信号、指挥信号和位置信号；按信号的显示方式可分为灯光信号和音响信号两种；按信号的复归方式可分为手动复归和自动复归两种。

（3）测量回路

由各种测量仪表及其相关回路组成。其作用是指示或记录一次设备的运行参数，方便运行人员掌握一次设备的运行状况。

（4）继电保护和自动装置回路

由测量部分、逻辑部分和执行部分组成。作用是自动判别一次设备的运行状态，在系统发生异常运行或故障时，发出异常运行信号或自动跳开断路器（切除故障）。当故障或异常运行状态消失后，快速投入断路器，恢复系统正常运行。

（5）调节回路

由测量机构、传送机构、调节器和执行机构组成。作用是根据一次设备运行参数的变化，实时在线调节一次设备的工作状态，以满足运行要求。

（6）操作电源系统

由电源设备和供电网络组成，包括直流电源和交流电源系统。作用是供给上述回路工作电源。发电厂和变电站的操作电源多采用直流电源系统（简称直流系统），部分小型变电站也可采用交流电源或整流电源（如硅整流电容储能或电源变换式直流系统）。

1.2　二次回路的接线图

二次回路的接线图是发电厂和变配电所的重要技术资料，为了能够满足订货、安装、运行的要求，绘制二次回路接线图必须以国家规定通用的图形符号和文字符号来表示二次设备的互相连接关系，图中所有开关电器是按照它们断路时的状态来表示的，继电器和接触器的触点都按照它们线圈无电压失磁的状态来表示。二次回路接线图按用途和绘制方法的不同，一般分为原理接线图、展开接线图、安装接线图和解释性图四种。

1.2.1　原理接线图

原理接线图是用来表示仪表、继电器、控制开关、信号装置、自动装置等二次设备和电源装置的电气联系及相互动作的顺序和工作原理的电气回路图。原理接线图在表示二次回路的工作原理时，主要有以下特点。

① 二次接线和一次接线的相关部分画在一起，原理接线图中所有电气元件都是以整体的形式表示（线圈与触点画在一起），其相互联系的电流回路、电压回路和直流回路，都综合在一起，能表明二次设备的构成、数量及电气连接情况，使看图者对整个装置的构成有一个明确的整体概念。

② 用统一的图形和文字符号表示，按动作顺序画出，便于分析动作原理，使看图者对动作过程有一个明确的概念。原理接线图是绘制展开接线图等其他工程图的原始依据。

下面以35kV线路过电流保护原理接线图为例，说明原理接线图的特点。图1-2所示为35kV线路过流保护原理接线图，由图可见，整套保护由四只继电器组成，两只电流继电器KA1、KA2，一只时间继电器KT及一只信号继电器KS。元件及功能和装置的动作原理如下。

（1）元件及功能

① 电流互感器（TA2）：其一次绕组流过系统大电流I_1，二次绕组中流过变换了的小电流I_2，I_2的额定值为5A。

② 电流继电器（KA）：其线圈接于U、W相电流互感器的二次绕组回路中，线圈流过电流互感器的二次电流I_2，当I_2达到电流继电器的动作值时，其动合触

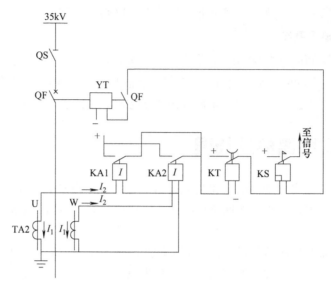

图 1-2　35kV 线路过流保护原理接线图

点闭合，接通外电路。

③ 时间继电器（KT）：线圈通电，其动合触点延时闭合，接通外电路。

④ 信号继电器（KS）：线圈通电，其动合触点闭合，接通信号回路，且掉牌，以便值班人员辨识其动作与否。信号继电器动作后，其动合触点不能自动复归而需手动复归，以便准备下一次动作。

⑤ 断路器跳闸线圈（YT）：线圈通电，断路器跳闸。

⑥ 断路器的触点（QF）：合闸线圈通电，断路器主触点接通大电流，其辅助触头相应切换。动合触点闭合，接通外电路，同时动断触点断开，切断外电路。

(2) 动作原理

当出现相间短路时，电流互感器一次侧 U 相或 W 相绕组流过一次短路电流，其二次绕组感应出 I_2 流经电流继电器线圈，电流继电器动作，其动合触点闭合，将由直流操作电源正母线来的电源加在时间继电器 KT 的线圈上，时间继电器 KT 启动，经一定时限后其延时动合触点闭合，正电源经过其触点和信号继电器 KS 的线圈以及断路器的动合辅助触点 QF 接至断路器的跳闸线圈。信号继电器 KS 的线圈和跳闸线圈 YT 中有电流流过。两者同时动作，跳闸线圈 YT 动作使断路器 QF 跳闸，信号继电器 KS 动作发出信号。

原理接线图主要用于表示继电保护和自动装置的工作原理和构成这套装置所需要的设备，没有给出元件的内部接线及元件引出端子编号和回路编号，直流部分只是标出电源的极性，没有具体表示出从哪一组熔断器下面引出的，图中信号部分也只标出了"至信号"，而没有画出具体的接线。因此只可作为二次接线设计的原始依据，而不能作为二次回路的施工图。

1.2.2　展开接线图

展开接线图是根据原理接线图绘制的，展开接线图是将二次设备按其线圈和触点的接线回路展开分别画出，组成多个独立回路，是安装、调试和检修的重要技术图纸，也是绘制安装接线图的主要依据。展开接线图的特点如下。

① 按不同电源划分成多个独立回路，例如：交流回路，又分为电流回路和电压回路，都是按 U、V、W、N 相序分别排列的；直流回路，又分为控制回路、合闸回路、测量回路、保护回路和信号回路等。在这些回路中，各继电器（装置）的动作顺序是自上而下，自左向右排列的。

② 在图形的上方或右侧有对应的文字说明（说明回路名称和用途等），便于分析和读图。展开图中各元件都有国家统一规定的图形符号和文字符号，附录一给出二次回路中常用到的图形符号。

③ 各导线、端子都有统一规定的回路编号和标号，便于分类查线、维修和施工。回路编号见附录三。

下面以 35kV 线路过电流保护展开接线图为例，说明展开接线图的特点。图 1-3 所示是根据图 1-2 所示的原理图绘制的展开接线图。图 1-3（a）为与保护回路有关的 35kV 输电线路一次系统的示意图，表示出保护的对象以及所用的电流互感器；图 1-3（b）为交流电流回路，这个回路是整套保护的测量部分，作为保护用的电流互感器 TA2 的二次绕组为该电流回路的电源，U 相和 W 相各接入一只电流继电器线圈 KA1、KA2，由公共线 N421 连成回路，构成不完全星形接线，U421、W421、N421 为回路编号；图 1-3（c）为直流回路，左、右两侧的竖线表示正、负电源，正、负电源是由变电所直流屏引出的，构成操作电源的正电源小母线（＋）、负电源小母线（－），经熔断器 1FU、2FU 引下，分别用编号 101 和 102 标出。所有回路分别列于正、负电源之间，其动作顺序从左到右，从上到下。M703、M716 为掉牌未复归小母线。整套保护动作顺序为：当被保护线路上发生短路时，交流电流回路中的电流继电器 KA1 或 KA2 动作，其在直流回路中的动合触点 KA1 和 KA2 闭合，两者只要有一个闭合就启动时间继电器 KT 的线圈；时间继电器动作后其接于跳闸回路的延时闭合触点经过整定时限后闭合，由于此时断路器在合闸状态，其与主轴联动的常开辅助触点 QF 是闭合的，因而跳闸线圈 YT 中有电流流过，使断路器跳闸。同时串联于跳闸回路中的信号继电器 KS 动作并掉牌，其在信号回路中的触点 KS 闭合，接通小母线 M703 和 M716，M703 接信号正电源，M716 经光字牌的信号灯接负电源，光字牌点亮，显示"掉牌未复归"的灯光信号。

比较图 1-2 和图 1-3 可见，展开接线图接线清晰，动作程序层次分明，容易跟踪回路的动作顺序。由于原理接线图不能作为施工图，所以展开接线图得到了广泛的应用。展开接线图为制造、安装、运行的重要技术图纸，也是绘制安装接线图的主要依据。

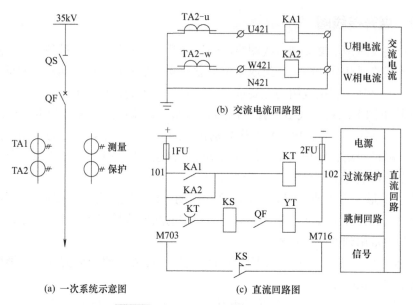

图 1-3　35kV 线路保护展开接线图

1.2.3　安装接线图

　　安装接线图是根据展开接线图绘制的，是制造厂生产加工控制屏（台）、继电保护屏和现场安装施工用的图，也是检修、运行试验等的主要参考图。安装接线图包括屏面布置图、屏背面接线图和端子排图。

　　屏面布置图是指从屏的正面看将各安装设备和仪表的实际安装位置、外形尺寸及中心线的尺寸按比例绘出，并附有设备表，以便制造厂备料和安装加工的正视图。它是屏背面接线图的依据，此图是表示屏上各个元件二次设备位置、设备的排列关系及相互间距离尺寸的施工图。不论是设备外形尺寸、设备相互间距离尺寸，还是屏台外形尺寸，均按同一比例绘制。图中各设备的排列位置和相互间尺寸要和设计位置相符。

　　屏背面接线图是人站在屏后面看到的二次设备位置及排列顺序，其二次设备左右方向的排列顺序与屏正面布置图中设备排列顺序正相反。它表明屏内各设备之间的连接情况，以及和端子排的连接情况；标明各设备的代号、安装单位和型号规格，较复杂的设备应绘出设备内部接线图。

　　端子排图（从屏背后看）表明屏内设备与屏外设备连接情况以及屏上需要装设的端子类型、数目以及排列顺序的图。

　　安装接线图中各种仪表、继电器、开关、指示灯等元件以及连接导线，都是按照它们的实际位置和连接关系绘制的，为了施工和运行中检查的方便，所有设备的端子和导线都注有走向标志和编号。

第2章
互感器及其二次回路

互感器是一种电量传变装置，是一种特殊用途的变压器，通过互感器可将电压或电流按规定比例改变而频率保持不变，给测量仪器、仪表或保护和自动装置供电，是连接一次和二次设备的纽带。互感器分为电压互感器（TV）与电流互感器（TA）两大类。互感器的主要用途如下。

① 电压互感器将一次高电压变换为二次标准的低电压，电流互感器将一次大电流变换为二次标准的小电流，如果与测量仪器、仪表配合，则可测量电力设备的电压、电流和功率（或电能）；而与继电器或其他控制、保护设备配合，可对系统的重要电力设备进行过电压、过电流和接地故障保护。

② 应用互感器，使测量仪表及保护装置得以与系统的高电压隔离，保证操作人员和设备的安全，同时可使测量仪表、继电保护及自动装置标准化、小型化。

2.1 电压互感器及其二次回路

电压互感器和变压器很相像，都是用来变换电压，但是变压器变换电压的目的是输送电能，因此容量很大，一般都是以 kV·A（千伏·安）或 MV·A（兆伏·安）为计算单位，而电压互感器变换电压的目的，主要是用来给测量仪表和继电保护装置供电，用来测量电压、功率和电能，或者用来在线路发生故障时保护线路中的贵重设备、电机和变压器，因此，电压互感器的容量很小，一般只有几伏安、几十伏安，最大也不超过 1000V·A。

图 2-1 所示为电压互感器工作原理接线图，电压互感器的一次线圈匝数 N_1 较多，而二次线圈匝数 N_2 较少。工作时，一次线圈并联在供电系统的一次回路中，二次线圈并联测量仪表和继电器的电压线圈，由于这些电压线圈的阻抗很大，所以电压互感器工作时二次线圈接近于空载状态。

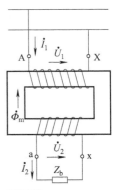

图 2-1 电压互感器
工作原理接线图

2.1.1 电压互感器的基本知识

(1) 电压互感器的分类

① 按工作原理分：电磁式电压互感器和电容分压式电压互感器。

电磁式电压互感器的原理与基本结构和变压器完全相似；电容式电压互感器是由电容分压器、补偿电控器、中间变压器、阻尼器及载波装置保护间隙等组成，常在中性点接地系统中作电压测量、功率测量、继电保护及载波通信用。

② 按相数分：单相电压互感器和三相电压互感器。

电压互感器大多是单相的。由三台单相电压互感器可组成三相电压互感器；三相电压互感器包括三相三柱式和三相五柱式两种。

③ 按绝缘介质分：干式电压互感器、浇注式电压互感器、气体绝缘电压互感器和油浸式电压互感器。浇注式适用于 35kV 及以下的电压互感器，110kV 及以上的电压互感器主要采用油浸式。

④ 按绕组数分：双绕组和多绕组。

双绕组有一个一次绕组和一个二次绕组，多绕组有一个一次绕组和多个二次绕组。专供测量用的电压互感器除一次绕组外，只需一个二次绕组给测量仪表供电即可。应用于电力系统的电压互感器，除要求有一个或两个二次绕组输出信号给测量或过电压保护装置外，还需要提供接地故障保护所需要的零序电压信号，这就要求互感器应做成三绕组或四绕组互感器。

⑤ 按安装位置分：母线电压互感器和线路电压互感器。

(2) 电压互感器的特点

① 电压互感器二次绕组的额定电压　当一次绕组电压为额定值时，二次额定线电压为 100V，额定相电压为 $100/\sqrt{3}$ V。对三相五柱式电压互感器辅助二次绕组额定相电压，用于 35kV 及以下中性点不直接接地系统为 100/3V；用于 110kV 及以上中性点直接接地系统为 100V。

② 电压互感器的变比　如图 2-1 所示，若电压互感器一次绕组为 N_1 匝，额定相电压为 U_{1N}；二次绕组为 N_2 匝，额定相电压为 U_{2N}，则变比 n_{TV} 为

$$n_{TV} = \frac{N_1}{N_2} = \frac{U_{1N}}{U_{2N}}$$

电压互感器的变比等于一、二次绕组匝数之比，也等于一、二次额定相电压之比。

对于三相五柱式电压互感器，为了使开口三角侧输出的最大二次电压不超过 100V，其变比 n_{TV} 有两种情况。

a. 用于 35kV 及以下中性点不直接接地系统，其变比 n_{TV} 为

$$n_{TV} = U_{1N} \left/ \frac{100}{\sqrt{3}} \right. V \left/ \frac{100}{3} \right. V$$

b. 用于110kV 及以上中性点直接接地系统, 其变比 n_{TV} 为

$$n_{TV} = U_{1N} \Big/ \frac{100}{\sqrt{3}} \text{ V} \Big/ 100\text{V}$$

③ 电压互感器二次侧不允许短路　并接在电压互感器二次绕组上的二次负载, 是测量仪表、继电保护及自动装置的电压线圈, 电压线圈导线较细, 因此负载阻抗较大, 而电压互感器内阻很小, 若电压互感器二次侧短路时, 会出现危险的过电流, 将损坏二次设备和危及人身安全。

(3) 电压互感器的接线

为满足测量仪表和继电保护装置对接入的电压的不同要求, 因此形成了各种不同的电压互感器接线方式, 常用的几种电压互感器接线方式如下。

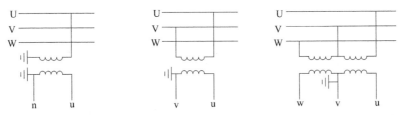

(a) 接于相与地之间的单相式接线　(b) 接于两相之间的单相式接线　(c) 两台单相互感器的V-V接线

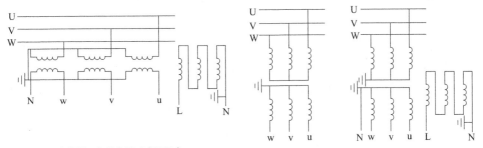

(d) 三台单相三绕组电压互感器组成　　(e) 三相电压互感器的星形接线　(f) 三相五柱式电压互感器接线
的星形和开口三角形接线

图 2-2　电压互感器的接线图

① 单相电压互感器的接线方式

a. 图 2-2 (a) 所示为一台单相电压互感器的一次绕组接于相与地之间, 适用于 110~220kV 中性点直接接地系统, 用来测量相对地电压。

b. 图 2-2 (b) 所示为一台单相电压互感器的一次绕组接于相与相间, 这种接线方式, 电压互感器一次侧不能接地, 二次绕组一端接地。但是二次绕组接地极不装设熔断器。这种接线只能用来测量线电压, 适用于 3~35kV 中性点不直接接地系统。

c. 两台单相电压互感器构成的 V-V 形接线方式。图 2-2 (c) 所示为两台单相电压互感器构成 V-V 形的接线, 两台互感器分别接在线电压 $\dot{U}_{UV}$ 和 $\dot{U}_{VW}$ 上。采用

这种接线方式，互感器一次绕组不能接地，二次绕组 V 相接地。V-V 形接线方式适用于中性点非直接接地或经消弧线圈接地的电网中，只能测量线电压，不能测量相电压。

d. 三台单相三绕组电压互感器构成的星形和开口三角形接线方式。图 2-2（d）所示为三台单相三绕组电压互感器组成的星形和开口三角形接线方式。电压互感器的一次绕组和主二次绕组接成星形接线，并且中性点直接接地，主二次绕组引出一根中性线，辅助二次绕组接成开口三角形接线。这种接线方式既可以测量相对地电压，又可以测量相间电压以及零序电压。

② 三相电压互感器的接线方式

a. 三相电压互感器的星形接线。图 2-2（e）所示为三相电压互感器的星形接线方式。电压互感器的一次绕组和二次绕组接成星形接线，一次绕组的中性点不接地，二次绕组的中性点直接接地。采用这种接线方式可以测量相间电压，适用于 3～35kV 小接地电流系统。

b. 三相五柱式电压互感器的接线方式。图 2-2（f）所示为三相五柱式电压互感器的接线方式。电压互感器的一次绕组和主二次绕组接成星形接线，其中性点直接接地，辅助二次绕组接成开口三角形。采用这种接线方式既可以测量线电压，也可以测量相电压，同时还可以测量零序电压，广泛用于 330kV 及以上系统中。

(4) 电压互感器的误差

在理想的电压互感器中，一次电压与二次电压之比完全等于其匝数之比，相位也完全相同（二次电压旋转 180°之后）。但是，在实际的电压互感器中，由于励磁电流的存在以及绕组阻抗的影响，均会产生电压幅值误差（简称变比误差或比差）和相位角误差（简称角差）。电压互感器的比差 $\Delta U\%$ 为

$$\Delta U\% = \frac{KU_2 - U_1}{U_1} \times 100\% \tag{2-1}$$

式中　　K——电压互感器的变比；

$\quad\quad U_1$——一次电压的实际值，V；

$\quad\quad U_2$——二次电压的实测值，V。

电压互感器的相位角误差是指其二次电压相量旋转 180°以后与一次电压相量间的夹角 δ，并且规定二次电压相量超前于一次电压相量时，角差 δ 为正，反之为负。

(5) 电压互感器的准确度等级和容量

① 电压互感器的准确度等级　　电压互感器的准确度等级，是指在规定的一次电压和二次负荷变化范围内，负荷功率因数为额定值时，电压误差的最大值。我国电压互感器的准确度等级通常分为 0.2、0.5、1、3 四个等级。每一等级就是指电压互感器比差所具有的最大百分值。例如准确度等级为 0.5 级，则表示该电压互感

器的比差为 0.5%。一般情况下，准确等级为 0.2 级的电压互感器主要用于精密的实验室测量；0.5 级及 1 级的电压互感器通常用于发电厂、变电所内配电盘上的仪表及继电保护装置中；对计算电能用的电度表应采用 0.5 级电压互感器；3 级的电压互感器用于一般的测量和某些继电保护。电压互感器的准确度等级和误差极限见表 2-1。

表 2-1　电压互感器的准确度等级和误差极限

准确度等级	最大允许误差		一次电压变化范围	二次负荷变化范围
	电压误差/%	角误差/(′)		
0.2	±0.2	±10		
0.5	±0.5	±20	(0.85~1.15) 一次额定电压	(0.25~1)互感器额定容量
1	±1	±40		
3	±3	无规定		

电压互感器的每个准确度，都规定有对应的二次负荷的额定容量 S_{2N}（V·A）。当实际的二次负荷超过了规定的额定容量时，电压互感器的准确度等级就要降低。要使电压互感器能在选定的准确度等级下工作，二次所接负荷的总容量 $S_{2\Sigma}$ 必须小于该准确度等级所规定的额定容量 S_{2N}，电压互感器准确度等级与对应的额定容量，可从有关电压互感器技术数据中查取。

② 电压互感器的额定容量　由于电压互感器的误差随其负荷而改变，故同一台电压互感器在不同准确度等级使用时，会有不同的容量。所谓电压互感器的额定容量，是指对应于最高准确度等级的容量。如果降低准确度等级，互感器的容量可以相应增大。

电压互感器除了规定其额定容量外，还按照电压互感器的长期发热条件，规定了最大（极限）容量。在只供给信号灯、跳闸线圈或其误差不影响测量仪表和继电器正常工作时，才允许电压互感器在最大容量下使用。

3~35kV 电压互感器一般经隔离开关和熔断器接入高压电网。在 110kV 及以上配电装置中，考虑到电压互感器很少发生故障，且高压熔断器制造比较困难，价格昂贵，故电压互感器经过隔离开关再与高压电网连接。在 380V、500V 的低压装置中，电压互感器可直接经熔断器与电网连接。为了防止电压互感器的超载，通常在互感器低压侧装设熔断器。

(6) 选择电压互感器时应满足的要求

① 应满足一次回路额定电压的要求。

② 容量和准确度等级（包括电压互感器剩余绕组）应满足测量仪表、保护装置和自动装置的要求。

③ 对中性点非直接接地系统，需要检查和监视一次回路单相接地时，应选用三相五柱式或三个单相式电压互感器。

④ 500kV 电压互感器应具有三个二次绕组，其暂态特性和铁磁谐振特性应满足继电保护的要求。

2.1.2　电压互感器的二次回路

电压互感器有母线电压互感器和线路电压互感器，母线电压互感器的一次侧经隔离开关或熔断器连接到高压母线上，一般每段高压母线只装设一组电压互感器。而电压互感器的二次绕组与连接到这段母线上所有设备的测量和保护装置的电压线圈连接，电压互感器二次绕组与电压线圈相互连接构成的电路就是电压互感器的二次回路。

电压互感器二次回路应满足如下要求：①电压互感器的接线方式应满足测量仪表、远动装置、继电保护和自动装置测量回路的要求；②由于电压互感器二次侧不允许短路，所以应装设短路保护装置，短路保护装置有熔断器和低压断路器两种；③为防止电压互感器高低压绕组间绝缘击穿时造成设备和人身事故，每一组二次绕组应有一个可靠的接地点，这种接地方式通常称为安全接地或保护接地；④为保证在检修互感器时二次侧不会向一次回路反馈电压，应采取防止从二次回路向一次回路反馈电压的措施；⑤对于双母线上的电压互感器，应有可靠的二次切换回路。

(1) 电压互感器二次绕组不同接地方式对应的二次回路

电压互感器二次侧接地是保护接地，作用是防止因互感器绝缘损坏时，高电压将侵入二次回路，危及人身和设备安全。电压互感器二次绕组接地方式与保护装置、测量表计及同步电压回路有关，接地方式有 V 相接地和中性点接地两种。

在中性点非直接接地系统中，通常采用 V 相接地方式，这是因为当发生单相接地时，中性点位移，此时同步电压不能用相电压，必须用线电压。当电压互感器二次侧采用 V 相接地时，如果同步点两侧均为 V 相接地，同步开关挡数减少（如采用综保，则接线更为简单），同步接线简单，同时由于中性点非直接接地系统一般不装设距离保护，V 相接地对保护影响较小。

在中性点直接接地系统中，一般要装设距离保护，而且同步电压可用辅助二次绕组的相电压，因此电压互感器二次侧采用中性点接地对保护较为有利。下面分别介绍两种接地方式的电压互感器二次回路。

① V 相接地的电压互感器二次回路　图 2-3 所示为 V 相接地的电压互感器二次回路。左侧部分是电压互感器为三个绕组的接线回路，其中一个一次绕组，星形接线，接于一次母线的 U、V、W 三相上，中性点接地；一个主二次绕组，星形接线，TV·U、TV·V、TV·W 各相引出端经熔断器 FU1～FU3 和隔离开关 QS1L 辅助接点分别接于电压小母线 L1-630、L2-600、L3-630，中性线经 QS1 接至 N-630，中性点经击穿保险 F 接地；一个二次辅助绕组，开口三角形接线，开口处接绝缘监察继电器 KE 线圈；右侧部分为信号回路，KS 为信号继电器，KE 为

绝缘监察继电器的常开触点，H1 为光字牌，M709、M710 为预告音响小母线，M703、M716 为信号未复归光字牌小母线。

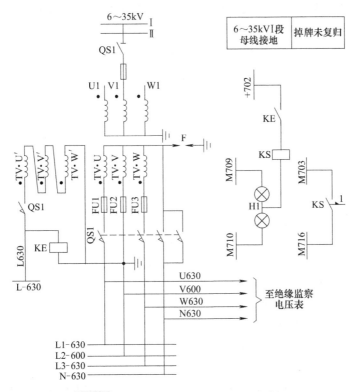

图 2-3 V 相接地的电压互感器二次回路

由于电压互感器二次回路不允许短路，V 相接地的电压互感器二次回路防止短路的措施是接入熔断器，因为 V 相接地适用于中性点非直接接地系统中，此系统一般不装设距离保护，因此即便在交流电压二次回路末端短路时，也不会因熔断器熔断较慢而造成距离保护误动作的问题，所以对于 6～35kV 的电压互感器，可以在主二次绕组 TV·U、TV·V、TV·W 各相引出端装设熔断器（见图中 FU1～FU3）作短路保护用。在选择熔断器时要选择熔体的熔断时间不大于继电保护动作时间的熔断器，同时熔体的额定电流应整定为二次最大负载电流的 1.5 倍，对于双母线系统，还需考虑当一组母线停止运行时，所有电压回路的负载全部切换至另一组电压互感器上的情况。对于辅助二次绕组，因在正常运行时，其输出端没有电压或只有很小的不平衡电压，熔断器很难监视，即便在开口三角形外导线间发生短路，也不会使熔断器熔断。并且熔断器熔断未被发现，在发生接地故障时反而影响绝缘监察继电器 KE 的正确动作。所以辅助二次绕组回路中不装设熔断器。

二次绕组的安全接地点设在 FU2 之后，保证在电压互感器二次侧中性线发生接地故障时，FU2 对 V 相绕组起保护作用。为了防止当熔断器 FU2 熔断后，电压互感器二次绕组将失去安全接地点，在二次侧中性点与地之间装设一个击穿保险器 F。击穿保险器实际上是一个放电间隙，当二次侧中性点对地电压超过一定数值后，间隙被击穿，变为一个新的安全接地点。电压值恢复正常后，击穿保险器自动复归，处于开路状态。正常运行时中性点对地电压等于零（或很小），击穿保险器处于开路状态，对电压互感器二次回路的工作无任何影响。

为了防止在电压互感器停用或检修时，由二次向一次反馈电压，造成人身和设备事故，在主二次绕组中除 V 相外，接入隔离开关 QS1 的辅助动合触点，这样当电压互感器停电检修时，在断开其隔离开关 QS1 的同时，二次回路也自动断开。由于隔离开关的辅助触点有接触不良的可能，而在中性线的触点接触不良又难以发现，所以，在中性线采用了两对辅助触点 QS1 并联，以提高其可靠性。

母线上的电压互感器是接在同一母线上的所有电气元件（发电机、变压器、线路等）的公用设备。为了减少联系电缆，采用了电压小母线 L1-630、L2-600、L3-630、N-630 和 L-630（"630"代表 I 组母线，"L1、L2、L3、N 和 L"代表相别和零序）。电压互感器二次引出端最终接在电压小母线上。根据具体情况，电压小母线可布置在配电装置内或布置在保护和控制屏顶部。接在同一组一次母线上的各电气元件的测量仪表、远动装置、继电保护及自动装置所需的二次电压均可从这组一次母线上的电压互感器所对应的电压小母线上取得。

辅助二次绕组 TV·U′、TV·V′、TV·W′ 接成开口三角形。正常三相电压对称，三相电压之和等于零，此时，开口三角引出端子上没有电压。当系统发生接地故障时，三相零序电压叠加，在引出端子上有三倍零序电压出现。接于开口三角形引出端子的电压继电器 KE 是绝缘监察继电器，当一次系统发生单相接地时，在开口三角形引出端子上出现 3 倍零序电压，当此电压大于 KE 的启动电压（一般整定为 15V）时，KE 动作，其动合触点闭合，点亮光字牌 H1，显示"第 I 组母线接地"字样，并发出预告音响信号，还启动信号继电器 KS，KS 动作后掉牌落下，将 KE 动作记录下来，同时通过小母线 M703、M716 点亮"掉牌未复归"光字信号，提醒运行人员 KE 动作及 KS 的掉牌还没有复归。

为了判别哪相接地，可在电压小母线上引出三相线接三只绝缘监察电压表来判断。发生接地时，接地相对应的电压表读数为零。这三只电压表可通过开关切换进行选测而全厂共用。

② 中性点接地的电压互感器二次回路　图 2-4 所示为中性点接地的电压互感器二次回路。QA1～QA3 为三相自动开关；C 为电容器；SM 为 LW2-5、5/F4-X 型切换开关，其触点图表见表 2-2。PV 为电压表；FU 为熔断器；QS1 为隔离开关辅助接点。

中性点接地的电压互感器二次回路中的短路保护与 V 相接地的短路保护有所不同，因为中性点接地的电压互感器二次回路适用于 110kV 及以上中性点直接接

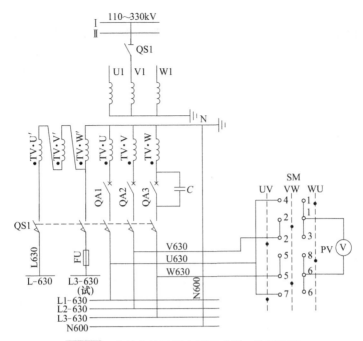

图 2-4　中性点接地的电压互感器二次回路图

表 2-2　LW2-5、5/F4-X 控制开关触点图表

触点盒型式			5			5		
触点号		1-2	2-3	1-4	5-6	6-7	5-8
位置	UV ←	—	•	—	—	•	—
	VW ↑	•	—	—	•	—	—
	WU →	—	—	•	—	—	•

地的电力系统，而在 110kV 及以上中性点直接接地的电力系统中，电力线路一般装设距离保护，如果选用熔断器作为短路保护元件，那么在电压互感器二次回路末端发生短路故障时，由于二次回路阻抗较大，短路电流较小，则熔断器不能快速熔断，而短路点附近电压比较低或接近于零，则可能引起距离保护误动作。所以对于110kV 及以上的电压互感器，应在主二次绕组三相引出端装设快速自动开关（见图 2-4 中 QA1～QA3）作短路保护用。自动开关脱扣器动作电流应整定为二次最大负载电流的 1.5～2.0 倍，当电压互感器运行电压为 90% 额定电压时，在二次回路末端经过渡电阻发生两相短路，而加在线圈上的电压低于 70% 额定电压时，自动开关应能瞬时动作于跳闸；自动开关脱扣器的断开时间不应大于 0.02s。由于正常运行时，辅助二次绕组中的电压为零或接近于零，其二次回路末端短路时，短路电流很小，自动开关很难自动切断该回路，所以在辅助二次绕组回路中不装设自动开关。

由于一次系统中性点直接接地，则不需装设绝缘监察装置，而是通过转换开关

SM，选测 U_{UV}、U_{VW}、U_{WU} 三种线电压。

如果将控制开关 SM 切至相间电压"UV"位置，开关触点 2 和 3、6 和 7 通，电压表 PV 接至二次电压小母线 L1-630、L2-630 上，测得 UV 相间电压。将控制开关 SM 切至相间电压"VW"位置，开关触点 1 和 2、5 和 6 通；电压表 PV 接至二次电压小母线 L2-630、L3-630 上，测得 VW 相间电压。将控制开关 SM 切至相间电压"WU"位置，开关触点 1 和 4、5 和 8 通；电压表 PV 接至二次电压小母线 L1-630、L3-630 上，测得 WU 相间电压。若三相相间电压相等，为母线的线电压，说明系统正常运行，三相对称；若三相相间电压不相等，母线电压互感器二次回路可能断线或一次系统发生短路故障。

为了给零序功率方向保护提供 $3\dot{U}_0$ 电压，在辅助二次绕组输出端设有零序电压（$3\dot{U}_0$）小母线 L-630；为了便于利用负载电流检查零序功率方向元件的接线是否正确，由辅助二次绕组 TV·W′ 相的正极性端引出一个试验小母线 L3-630（试），其抽取的试验电压为 $+\dot{U}_{W'N}$。其他小母线的设置与 V 相接地的方式相同。

防止二次侧向一次侧回馈电压，其各相（除中性线）引出端都经电压互感器隔离开关 QS1 的辅助触点引出。

(2) 电压互感器二次回路断线信号装置

由于电压互感器二次输出装有短路保护，故当短路保护动作或二次回路断线时，与其相连的距离保护可能误动作。虽然距离保护装置本身的振荡闭锁回路可兼作电压回路断线闭锁之用，但是为了避免在电压回路断线的情况下，又发生外部故障造成距离保护无选择性动作，或者使其他继电保护和自动装置不正确动作，一般还需要装设电压回路断线信号装置，当熔断器或自动开关断开或二次回路断线时，发出断线信号，以便运行人员及时发现并处理。

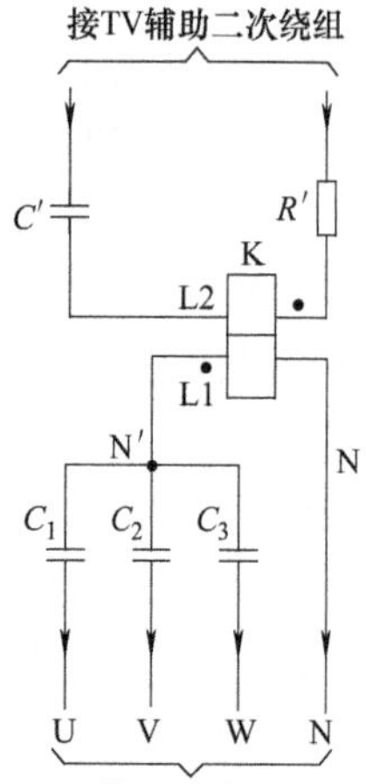

图 2-5　电压回路断线信号装置电路

电压回路断线信号装置的类型很多。目前多采用按零序电压原理构成的电压回路断线信号装置，其电路如图 2-5 所示。该装置由星形连接的三个等值电容器 C_1、C_2、C_3，断线信号继电器 K，电容器 C' 及电阻 R' 组成。断线信号继电器 K 有两组线圈，其工作线圈 L1 接于电容器中性点 N′ 和二次回路中性点 N 回路中，另一线圈 L2 经 C'、R' 接于电压互感器辅助二次绕组回路。

在正常运行时，由于 N′ 与 N 等电位，辅助二次回路电压也等于零，所以断线信号继电器 K 不动作。

当电力系统发生接地故障时，电压互感器的辅助二次绕组有零序电压，使断线信号继电器线圈 L2 带电；同时，C_1、C_2、C_3 组成的零序电压滤过器也有零序电压，使线圈 L1 带电。断线信号继电器 K 两组线圈 L1 和 L2 都带电，两组线圈

L1 和 L2 所产生的零序磁势大小相等，方向相反，合成磁通等于零，所以断线信号继电器 K 不动作。

当电压互感器二次回路发生一相或二相断线时，辅助二次绕组回路无零序电压，线圈 L2 不带电；而 C_1、C_2、C_3 组成的零序电压滤过器有零序电压输出，使线圈 L1 带电，断线信号继电器 K 动作，发出断线信号。

当电压互感器二次回路发生三相断线（熔断器或自动开关三相同时断开）时，在 N′ 与 N 之间无零序电压出现，断线信号继电器 K 将拒绝动作，不发断线信号，这是不允许。为此，在三相自动开关的任一相上并联一电容器 C（见图 2-4）。这样，当三相同时断开时，电容器 C 仍串接在一相电路中，则 N′ 与 N 之间仍有电压，可使断线信号继电器 K 动作，仍能发出"二次回路断线"信号。

(3) 双母线系统电压互感器的二次切换回路

对于双母线上所连接的各电气设备，其测量仪表、远动装置、继电保护及自动装置的电压回路，应随同一次回路一起进行切换，即一次设备连接在哪段母线上，其二次电压也应由该段母线上的电压互感器提供。否则，当母线联络（以下简称母联）断路器断开，两段母线分开运行时，可能出现一次回路与二次回路不对应的情况，则仪表可能测量不准确，远动装置、继电保护和自动装置可能发生误动作或拒绝动作。所以，必须具有二次电压切换回路。

① 双母线上电气元件二次电压的切换　图 2-6 所示为利用隔离开关的辅助触点和中间继电器触点进行自动切换的电压回路。图中，L1-630、L2-630、L3-630、N-630 和 L1-640、L2-640、L3-640、N-640 分别为第Ⅰ组和第Ⅱ组母线电压互感器对应的二次电压小母线；TV1、TV2 分别为第Ⅰ组和第Ⅱ组母线上的电压互感器；QS1、QS2 分别为与第Ⅰ组和第Ⅱ组母线相连的隔离开关；QF1 为线路断路器；K1、K2 为分别与第Ⅰ组和第Ⅱ组电压小母线连接的二次电压切换继电器；"＋"、"－"为直流电压小母线。

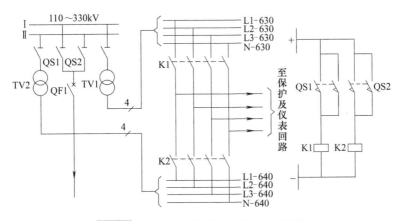

图 2-6　利用继电器进行切换的电压回路

馈线的二次电压是利用中间继电器 K1、K2 的触点进行切换。当馈线运行在 I 组母线上时，隔离开关 QS1 闭合，由其辅助动合触点启动中间继电器 K1，K1 的动合触点闭合，将 I 组母线对应的电压小母线上的电压引至馈线的保护及仪表的电压回路。

② 互为备用的电压互感器二次电压切换　对于 6kV 及以上电压等级的双母线系统，两组母线的电压互感器应具有互为备用的切换回路，以便其中一组母线上的电压互感器停用时，保证其二次电压小母线上的电压不间断。其切换电路如图 2-7 示。

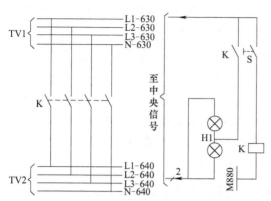

图 2-7　两组母线电压互感器互为备用的切换回路

切换操作是利用手动开关 S 和中间继电器 K 实现的。由于这种切换只有当母联断路器在闭合状态下才能进行，因此，中间继电器 K 的负电源是由母联隔离开关操作闭锁小母线 M880 供给。例如：I 组母线上的电压互感器 TV1 需要停用时，停用前双母线需并联运行（即合上母联断路器），使母联隔离开关操作闭锁小母线 M880 与电源负极接通，然后再接通手动开关 S，启动中间继电器 K，K 动作后，其动合触点闭合，一对使两组小母线各相分别相连，另一对点亮光字牌 H1，显示"电压互感器切换"字样，最后断开 I 组母线电压互感器 TV1 的隔离开关，使 TV1 的电压小母线由 TV2 供电。

2.2　电流互感器

电流互感器依据电磁感应原理，由闭合的铁芯和绕组组成。它的一次侧绕组匝数很少，串在需要测量电流的线路中，因此它经常有线路的全部电流流过，二次侧绕组匝数比较多，串接在测量仪表和保护回路中，由于测量仪表和保护回路串联线圈的阻抗很小，因此电流互感器的工作状态接近短路。电流互感器是把一次侧大电流转换成二次侧小电流来使用，二次侧不可开路。

2.2.1　电流互感器的分类及特点

(1) 电流互感器的分类

① 按用途分

a. 测量用电流互感器（或电流互感器的测量绕组）：在正常电压范围内，向测量、计量装置提供电网电流信息。

b. 保护用电流互感器（或电流互感器的保护绕组）：在电网故障状态下，向继电保护等装置提供电网故障电流信息。

② 按安装地点分

户内型电流互感器：一般用于 35kV 及以下电压等级。

户外型电流互感器：一般用于 35kV 及以上电压等级。

③ 按绝缘介质分　有干式绝缘、油绝缘、浇注绝缘和气体绝缘。

④ 按安装方式分

a. 贯穿式电流互感器：用来穿过屏板或墙壁的电流互感器。

b. 支柱式电流互感器：安装在平面或支柱上，兼作一次电路导体支柱用的电流互感器。

c. 套管式电流互感器：没有一次导体和一次绝缘，直接套装在绝缘的套管上的一种电流互感器。

d. 母线式电流互感器：没有一次导体但有一次绝缘，直接套装在母线上使用的一种电流互感器。

⑤ 按电流变换原理分

a. 电磁式电流互感器：根据电磁感应原理实现电流变换的电流互感器。

b. 光电式电流互感器：通过光电变换原理实现电流变换的电流互感器。

⑥ 按一次绕组匝数分

a. 单匝式电流互感器：大电流互感器常用单匝式，如图 2-8（a）、（b）、（c）所示。

b. 多匝式电流互感器：中、小电流互感器常用多匝式，如图 2-8（d）、（e）所示。

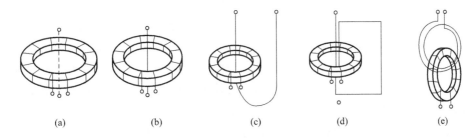

| (a) | (b) | (c) | (d) | (e) |

图 2-8　电流互感器结构原理示意图

如图 2-8 所示，图（a）、（b）、（c）三种结构均为单匝式。图 2-8（a）的结构是本身不带一次绕组，所谓母线式和套管式都属于此种。电气设备的母线或套管的导电杆就是电流互感器的一次绕组。图 2-8（b）是用导电杆（管）制成的一次绕组的单匝式电流互感器结构原理。图 2-8（c）为一次绕组是 U 字形的结构。图 2-8（d）和（e）为多匝式电流互感器的结构原理。

⑦ 按电流比分

a. 单电流比电流互感器：即一、二次绕组匝数固定，电流比不能改变，只能实现一种电流比变换的互感器。

b. 多电流比电流互感器：即一次绕组或二次绕组匝数可改变，电流比可以改变，可实现不同电流比变换。

c. 多个铁芯电流互感器：这种互感器有多个各自具有铁芯的二次绕组，以满足不同精度的测量和多种不同的继电保护装置的需求。为了满足某些装置的要求，其中某些二次绕组具有多个抽头。

⑧ 按保护用电流互感器技术性能分

a. 稳态特性型：保证电流在稳态时的误差，如 P、PR、PX 级。

b. 暂态特性型：保证电流在暂态时的误差，如 TPX、TPY、TPZ、TPS 级等。

(2) 电流互感器的极性

电流互感器极性端的标注方法和符号与电压互感器相同，如图 2-9 所示。一次电流 $\dot{I}_1$ 的正方向从极性端 H_1 流入一次绕组，从 H_2 端流出；二次电流 $\dot{I}_2$ 的正方向从二次绕组的极性端 K_1 流出，从 K_2 流入，即"头进头出"。

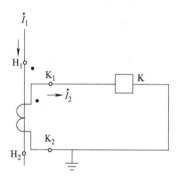

图 2-9 电流互感器极性标注

(3) 电流互感器的特点

① 电流互感器的一次绕组（原绕组）串联在一次电路中，并且匝数很少，因此，一次绕组中的电流完全取决于被测电路的一次负荷，而与二次电流无关。

② 电流互感器二次绕组（副绕组）与测量仪表、继电器等的电流线圈串联，由于测量仪表和继电器等的电流线圈阻抗都很小，电流互感器的正常工作方式接近于短路状态。因此电流互感器在运行中不允许二次侧（连接二次绕组回路）开路。如果二次侧开路，二次电流为零，这时电流互感器的一次电流全部用来励磁，铁芯中的磁通密度骤增，在互感器的二次绕组中将感应出很高的电压，其峰值可达到数千伏。这一高电压对设备绝缘和运行人员的安全都是危险的。为了防止电流互感器二次侧开路。对运行中的电流互感器，当需要拆开所连接的仪表和继电器时，必须先短接其二次绕组。

③ 电流互感器的变比。电流互感器一次绕组为 ω_1 匝，额定电流为 I_{1N}；二次绕组为 ω_2 匝，额定电流为 I_{2N}。则一、二次绕组额定电流之比称为电流互感器的额定变比。

$$n_{TA}=\frac{I_{1N}}{I_{2N}}=\frac{\omega_2}{\omega_1}$$

2.2.2　电流互感器的接线方式

电流互感器的接线应遵守串联原则，即一次绕组应和被测电路串联，二次绕组应和仪表或继电保护或自动装置的电流线圈相串联。电流互感器常见的接线方式有：单相接线、三相完全星形接线、两相不完全星形接线、零序接线等。

(1) 单相接线

如图 2-10 所示，在三相电路中，电流互感器只接在一相上，反映被测相电流。适用于测量三相对称负荷的一相电流、变压器中性点的零序电流。

(2) 三相完全星形接线

如图 2-11 所示，三个型号相同的电流互感器的一次绕组分别串接到一次系统三相回路中，二次绕组与二次负载连接成星形接线。这种接线方式在中性点直接接地的电力系统中，对于任何形式的短路故障都能起到保护作用。在中性点不直接接地的电力系统中，对单相接地以外的任何故障能起到保护作用。这种接线可以作为容量较大的发电机和变压器的保护。

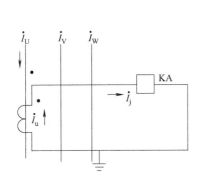

图 2-10　三相电路中单相接线

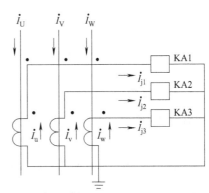

图 2-11　三相完全星形接线

(3) 两相不完全星形接线

如图 2-12 所示，两个型号相同的电流互感器一次绕组分别串接在系统 U、W 两相回路中。可测量三相不平衡电流，常用于三相三线制中性点不直接接地系统中，用作相间保护和电流测量，而 V 相接地时保护不动作。

(4) 两相电流差接线

如图 2-13 所示，两只型号相同的电流互感器的一次绕组分别串接在 U、W 两相上，一个二次负载接于二次绕组的两相电流差回路。这种接线仅适用于作为线路或电动机的保护，不适用于 Yd 或 Yyn 接线的变压器，因为变压器二次侧 u、v 相间短路或 v 相对地短路时，流过继电器的故障电流为零。

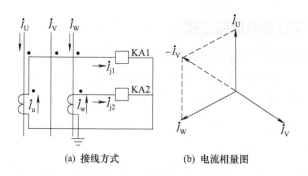

(a) 接线方式   (b) 电流相量图

图 2-12 两相不完全星形接线

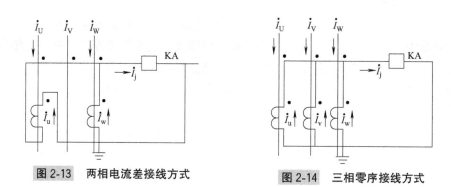

图 2-13 两相电流差接线方式   图 2-14 三相零序接线方式

(5) 零序接线

如图 2-14 所示，三个型号相同的电流互感器的极性端连接起来，同时将非极性端也连接起来，然后再与负载相连接，组成零序电流滤过器。这种接线方式主要用于继电保护及自动装置回路，测量仪表回路一般不用。

2.2.3 电流互感器的误差和准确度

(1) 电流互感器的误差

在理想的电流互感器中，励磁损耗电流为零，一、二次电流之比完全与其匝数成反比，并且一、二次电流的相位也没有误差。但是，在实际的电流互感器中，由于不可避免地存在励磁电流，因此通常存在电流幅值上的误差（简称变比误差或比差）和相位上角度的误差（简称角差）。

电流互感器的比差

$$\Delta I\% = \frac{KI_2 - I_1}{I_1} \times 100\% \tag{2-2}$$

式中 K——电流互感器的变比；

      I_2——二次电流的实测值，A；

I_1——一次电流的实际值，A。

电流互感器的角差是指二次电流相量旋转180°以后，与一次电流相量间的夹角δ。并且规定二次电流相量超前于一次电流相量时，角差δ为正，反之为负。

(2) 电流互感器的准确度等级

电流互感器的准确度等级通常分为 0.2、0.5、1、3、10、10P10、10P20 几个等级。所谓准确度等级，就是电流互感器比差所具有的百分值。例如准确度等级为 0.5 级，表示该电流互感器的比差（在额定电流时）为 0.5%。当一次电流低于其额定电流时，电流互感器的比差及角差也随之增大，不同的一次电流，其允许误差是不同的。一般情况下，0.2 级用于精密测量，0.5 级用于电度表，1 级用于配电盘仪表，3 级用于过电流保护，10 级用于非精密测量继电器等。

由于电流互感器二次侧所接的阻抗（即负载）大小，影响电流互感器的准确度等级，所以，电流互感器铭牌中规定的准确度等级均规定有相应的容量（V·A 值或负载 Z 值）。二次侧所带的负载超过规定的容量时，其误差也将超出准确度等级的规定。因此，在选用电流互感器时，应特别注意二次负载所消耗的功率不应超过电流互感器的额定容量。

2.2.4　电流互感器选择和配置应符合的要求

(1) 电流互感器的选择应符合的要求

① 应满足一次回路的额定电压、最大负荷电流及短路时的动、热稳定电流的要求。

② 应满足二次回路测量仪表、继电保护和自动装置的要求。

③ 500kV 保护用电流互感器的暂态特性应满足继电保护的要求。

(2) 电流互感器的配置应符合的要求

① 电流互感器二次绕组的数量度与准确度等级应满足继电保护自动装置和测量表计的要求。

② 用于保护装置时，应减少主保护的不保护区。保护接入电流互感器二次绕组的分配，应注意避免当一套线路保护停用而线路继续运行时，出现电流互感器内部故障时的保护死区。

③ 对中性点直接接地系统，可按三相配置；对中性点非直接接地系统，依具体要求可按两相和三相配置。

④ 当采用一台半断路器接线时，对独立式电流互感器每串宜配置三组。

⑤ 用于自动调整励磁装置时，应布置在发电机定子绕组的出线侧。

2.2.5　电流互感器二次回路的要求

(1) 电流互感器的二次回路应满足的要求

① 电流互感器的接线应满足测量仪表、远动装置、继电保护和自动装置检测

回路的具体要求。

② 为防止电流互感器一、二次绕组之间绝缘损坏而被击穿时，高电压侵入二次回路危及人身和二次设备安全，在电流互感器二次侧必须有一个可靠的接地点。但不允许有多个接地点，否则会使继电保护拒绝动作或仪表测量不准确。

③ 由于电流互感器正常运行时，近似于短路状态。一旦二次回路出现开路故障，在二次绕组两端，会出现危险的过电压，对二次设备和人身安全造成很大的威胁。因此，运行中的电流互感器严禁二次回路开路。

④ 为保证电流互感器能在要求的准确级下运行，其二次负载阻抗不应大于允许值。

⑤ 保证极性连接正确。

(2) 电流互感器防止二次回路开路的措施

① 电流互感器二次回路不允许装设熔断器。

② 电流互感器二次回路一般不进行切换。当必须切换时，应有可靠的防止开路措施。

③ 继电保护与测量仪表一般不合用电流互感器。当必须合用时，测量仪表要经过中间变流器接入。

④ 对于已安装而尚不使用的电流互感器，必须将其二次绕组的端子短接并接地。

⑤ 电流互感器二次回路的端子应使用试验端子。

⑥ 电流互感器二次回路的连接导线应保证有足够的机械强度。

第 3 章
测量回路

在发电厂和变电站的二次回路中，测量回路是一个重要的组成部分，值班人员根据测量仪表的指示数据，监视和了解电力系统的运行状态。它反映电气测量仪表电压、电流的接入方式，电气测量仪表的配置应符合"电测量及电能计量装置设计技术规程"的规定，以满足电力系统和电气设备安全运行的需要。

3.1 测量回路

测量回路用到的测量仪表有电流表、电压表、有功功率表、无功功率表、功率因数表、频率表等，常用测量仪表的一般规定如下。

① 常用测量仪表的配置应能正确反映电力装置的电气运行参数和绝缘状况。

② 常用测量仪表指装设在屏、台、柜上的电测量表计，包括指针式仪表、数字式仪表、记录型仪表及仪表的附件和配件等。

③ 常用测量仪表可采用直接仪表测量、一次仪表测量和二次仪表测量方式。

④ 常用测量仪表的准确度最低要求见表 3-1。

表 3-1 常用测量仪表的准确度最低要求

仪表类型名称	准确度最低要求级	仪表类型名称	准确度最低要求级
指针式交流仪表	1.5	数字式仪表	0.5
指针式直流仪表	1.0(经变送器二次测量)	记录式仪表	应满足测量对象的准确度要求
指针式直流仪表	1.5		

⑤ 仪表用电流、电压互感器及附件和配件的准确度最低要求见表 3-2。

表 3-2 仪表用电流、电压互感器及附件和配件的准确度最低要求

仪表的准确度等级(电流、电压互感器及附件和配件)	电流、电压互感器	分流器	变送器	中间互感器
0.5	0.5	0.5	0.5	0.2
1.0	0.5	0.5	0.5	0.2
1.5	1.0	0.5	0.5	0.2
2.5	1.0	0.5	0.5	0.5

⑥ 指针式测量仪表的测量范围，宜使电力设备额定值指示在仪表标度尺的 2/3 左右。对于有可能过负荷运行的电力设备和回路，测量仪表宜选用过负荷仪表。

⑦ 对双向电流的直流回路和双向功率的交流回路，应采用具有双向标度尺的电流表和电压表。对有极性的直流电流、电压回路，应采用具有极性的仪表。

⑧ 对重载启动的电动机以及有可能出现短时冲击电流的电力设备和回路，宜采用具有过负荷标度尺的电流表。

⑨ 当发电厂和变电所装设有远动测量、计算机监测（控）系统时，二次测量仪表、计算机、远动遥测三者宜共用一套变送器。

3.1.1 电流测量回路

电流回路的测量元件是电流表计，是单个电气量的表计，因此接线比较简单。应测量电流的回路如下。

(1) 应测量交流电流的回路

① 同步发电机和发电/电动机的定子回路。

② 主变压器：双绕组变压器的一侧；三绕组主变压器（或自耦变压器）的三侧，以及自耦变压器的公共绕组回路。

③ 厂（所）用变压器：双绕组变压器的一侧及各厂用分支回路；三绕组变压器的三侧。

④ 柴油发电机接至低压保安段进线及交流不停电源的进线回路。

⑤ 母线联络断路器、母线分段断路器、旁路断路器和桥断路器回路。

⑥ 10kV 及以上的输配电线路和用电线路，以及 6kV 及以下供电、配电和用电网络的总干线路。

⑦ 220～500kV 一个半断路器接线，各串的三个断路器回路。

⑧ 330～500kV 并联电抗器组以及 10～66kV 并联电抗器和并联电容器回路。

⑨ 50kV·A 及以上的照明变压器和消弧线圈回路。

⑩ 55kW 及以上的电动机、55kW 以下易过负荷电动机及生产工艺要求需要监视的电动机。

(2) 应测量直流电流的回路

① 同步发电机、发电/电动机和同步电动机的励磁回路，自动及手动调整励磁的输出回路。

② 直流发电机和直流电动机。

③ 蓄电池组和充电及浮充电整流装置的直流输出回路。

④ 重要电力整流装置的直流输出回路。

⑤ 根据生产工艺的要求，需要监视直流电流的其他回路。

(3) 交流电流测量回路图

图 3-1 所示为单相电流测量回路图。图中，TA 为电流互感器，PA 为电流表；电流表的电流线圈与电流互感器的二次绕组串联。

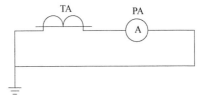

图 3-1 单相电流测量回路图

3.1.2 电压测量回路

电压回路的测量元件是电压表计，是单个电气量的表计，因此接线比较简单。应测量电压的回路如下。

(1) 应测量交流电压的回路

① 同步发电机和发电/电动机的定子回路。

② 各段电压等级的交流主母线。

③ 330～500kV 系统联络线路（线路侧）。

④ 根据生产工艺的要求，需要监视交流电压的其他回路。

对电力系统电压监视点的高压或高中压母线，和容量为 50MW 及以上的汽轮发电机电压母线，还应记录母线电压。

中性点有效接地系统的发电厂和变电所的主母线，应测量母线的三个线电压，也可用一只电压表和切换开关选测母线的三个线电压。对于一个半断路器接线的主母线和 6kV 以下的配电母线，可只测量一个线电压。

中性点非有效接地系统的发电厂和变电所的主母线，宜测量母线的一个线电压和监测绝缘的三个相电压，或者使用一只电压表和切换开关选测母线的一个线电压和三个相电压。

发电机定子回路的绝缘监测装置，可用一只电压表和按钮测量发电机电压互感器辅助二次绕组的零序电压，或者用一只电压表和切换开关选测发电机的三个相电压来监视发电机的绝缘状况。

(2) 应测量直流电压的回路

① 同步发电机和发电/电动机的励磁回路和自动及手动调整励磁的输出回路。

② 同步电动机回路。

③ 直流发电机回路。

④ 直流系统的主母线以及蓄电池组、充电及浮充电整流装置的直流输出回路。

⑤ 重要电力整流装置的输出回路。

⑥ 根据生产工艺的要求，需要监视直流电压的其他回路。

(3) 交流电压回路图

图 3-2 所示为三相交流电压测量回路图。L1-630、L2-630、L3-630 为工作小母线，PV 为电压表。图中三只电压表分别接于 UV、VW、WU 两相电压之间，测

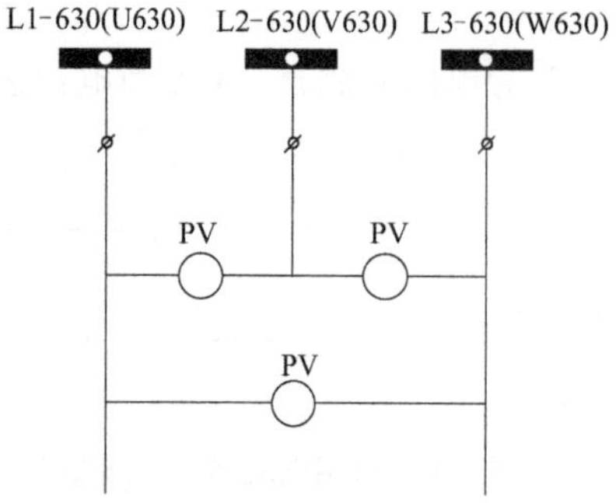

L1-630(U630) L2-630(V630) L3-630(W630)

PV   PV

PV

图 3-2   三相交流电压测量回路图

量线电压。

3.1.3 功率测量回路

功率测量回路分为有功功率测量回路和无功功率测量回路，其测量元件分别为有功功率和无功功率表计，是两个电气量的表计，接线相对复杂。下面分别介绍有功功率测量回路和无功功率测量回路。

3.1.3.1 有功功率测量回路

应测量有功功率的回路有：同步发电机和发电/电动机的定子回路；主变压器：双绕组变压器的一侧和三绕组变压器（或自耦变压器）的三侧；厂用高压变压器的高压侧；35kV 及以上的输配电线路和用电线路；旁路断路器、母联（或分段）兼旁路断路器回路和 35kV 及以上的外桥断路器回路；根据生产工艺的要求，需要监视有功功率的其他回路。

主控制室控制的汽轮发电机的机旁控制屏和水轮发电机的机旁控制屏，应装设发电机有功功率表。对有可能送、受电运行的输配电线路、水轮发电机、发电/电动机和主变压器等设备，应测量双方向有功功率。在电力系统中担任调频调峰的发电机、100MW 及以上的汽轮发电机以及 330～500kV 系统联络线路，应记录有功功率。

（1）单相电路有功功率的测量   常用的功率表，一般采用电动式、铁磁电动系或整流系仪表原理构成。由于开关板式功率表大多采用铁磁电动系，所以这里主要介绍铁磁电动系功率表。

图 3-3 所示为单相有功功率表的接线原理图，图中圆圈内的水平粗实线"1"表示电流线圈，圆圈内的垂直细实线"2"为电压线圈。电压线圈的阻抗很小，因此需增加一个附加电阻 R_f。电压线圈与附加电阻 R_f 相串联后接入被测电路的电压 U 上。电压线圈本身的阻抗与附加电阻 R_f 之和称为电压线圈的内阻抗。

功率表指针的偏转方向是由两组线圈里电流的相位关系所决定，如果改变任一个线圈电流的流入方向，则功率表将向相反的方向偏转。为了使接线不会

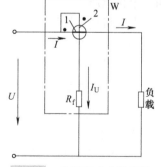

图 3-3   单相有功功率表的接线原理图

发生错误，通常在仪表的引出端钮上将电流线圈与电压线圈指定接电源同一极的一端标有"·"或"＊"标志，并把此端称为发电机端。正确的接线方法：如图3-3所示，将电流线圈标有"·"标志的一端接至电源侧，另一端接负载侧；电压线

圈带有"·"标志的一端与电流线圈带有标志的一端接于电源的同一极上，另一端则跨接到负载的另一端。

功率表接入电路的方法有直接接入电路和经互感器接入电路两种。在低压电网可以采用直接接入电路和经互感器接入电路这两种方法，在高压电网中一般采用经互感器接入电路的方法。当经互感器接入功率表时，应正确标出互感器的极性及测量表计的极性。图3-4所示为单相功率表的测量电路，图3-4（a）为单相功率表直接接入电路，图3-4（b）为经电流互感器和电压互感器接入电路。如果互感器及测量仪表的端子标志正确无误的话，则按图3-4（b）的方法连接，二次回路中功率的正方向将与一次回路中功率的正方向一致，如同将仪表按图3-4（a）直接接入电路中一样，仪表的指针将向正方向偏转，相量图如图3-4（c）所示。

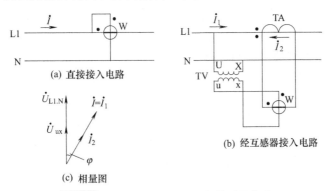

图 3-4　一只单相有功功率表的测量电路

（2）三相电路有功功率的测量

① 三相四线制电路中有功功率的测量　三相电路的有功功率为各相有功功率之和，用瞬时值表示时为

$$p=u_\mathrm{u}i_\mathrm{u}+u_\mathrm{v}i_\mathrm{v}+u_\mathrm{w}i_\mathrm{w} \tag{3-1}$$

用有效值表示时为

$$P=U_\mathrm{U}I_\mathrm{U}\cos\varphi_\mathrm{U}+U_\mathrm{V}I_\mathrm{V}\cos\varphi_\mathrm{V}+U_\mathrm{W}I_\mathrm{W}\cos\varphi_\mathrm{W} \tag{3-2}$$

当三相电路完全对称时有

$$U_\mathrm{U}=U_\mathrm{V}=U_\mathrm{W}=U_\phi$$
$$I_\mathrm{U}=I_\mathrm{V}=I_\mathrm{W}=I_\phi$$
$$\cos\varphi_\mathrm{U}=\cos\varphi_\mathrm{V}=\cos\varphi_\mathrm{W}=\cos\varphi$$

因此，式（3-2）可写成

$$P=3U_\phi I_\phi\cos\varphi=\sqrt{3}UI\cos\varphi \tag{3-3}$$

式中　u_u、u_v、u_w——U、V、W三相电压的瞬时值，V；

$\quad\quad i_\mathrm{u}$、i_v、i_w——U、V、W三相电流的瞬时值，A；

U_U、U_V、U_W——U、V、W三相电压的有效值，V；

I_U、I_V、I_W——U、V、W 三相电流的有效值，A；

　　U_ϕ、U——分别为相电压、线电压的有效值，V；

　　I_ϕ、I——分别为相电流、线电流的有效值，A；

　　$\cos\varphi$——功率因数。

由式（3-2）可知，对有中性线的三相四线制电路，可以用三只单相有功功率表分别测量每相的功率，三只功率表读数之和就是三相的总有功功率。图 3-5 所示为用三只功率表测量三相四线制电路有功功率的接线，每一单相功率表测量一相的功率，三只功率表读数之和就是三相总有功功率。这种接线方法不管三相负载是否平衡，测量结果都是正确的。

如果三相四线制电路中的三相电压对称、负载完全平衡的，可用图 3-5 中的任一只单相功率表进行测量，然后将表计读数乘以 3，即可得三相的总有功功率。

② 三相三线制电路中有功功率的测量

a. 采用两只单相功率表测量有功功率。在三相三线制电路中，可以用两只单相功率表测量有功功率。图 3-6 所示为利用两只单相功率表测量三相有功功率的接线。第一只功率表的电流线圈按图示极性串联于 U 相电路，电压线圈的带"·"标志端也接于 U 相，另一端接于 V 相；第二只功率表的电流线圈也是按图示极性串联于 W 相中，电压线圈的带"·"标志端接于 W 相，另一端也接于 V 相。未接电流线圈的 V 相称为"公共相"或"自由相"。

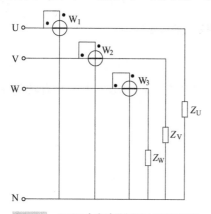

图 3-5　三只功率表测量三相四线制
　　　　电路有功功率的接线

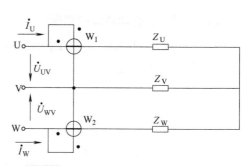

图 3-6　两只单相功率表测量三相三线
　　　　制电路有功功率接线

第一只功率表所测功率的瞬时值为

$$p_1 = u_{uv}i_u = (u_u - u_v)i_u \tag{3-4}$$

第二只功率表所测功率的瞬时值为

$$p_2 = u_{wv}i_w = (u_w - u_v)i_w \tag{3-5}$$

两只功率表所测功率之和为

$$p = p_1 + p_2 = u_u i_u + u_w i_w - u_v(i_u + i_w) \tag{3-6}$$

三相三线制电路各相电流瞬时值之和为零，即

$$i_u + i_v + i_w = 0 \qquad (3\text{-}7)$$

于是

$$i_u + i_w = -i_v$$

代入式（3-6），可得

$$p = p_1 + p_2 = u_u i_u + u_v i_v + u_w i_w \qquad (3\text{-}8)$$

以上的分析可以说明：不管电压是否对称，负载是否平衡，用两只功率表按图 3-6 的方法接线，所测得的功率为三相功率的总和。

实际上，功率表刻度盘上的读数不是瞬时功率而是平均功率，相量图如图 3-7 (c) 所示。

第一只功率表所测功率为

$$P_1 = U_{UV} I_U \cos(30° + \varphi_U) \qquad (3\text{-}9)$$

第二只功率表所测功率为

$$P_2 = U_{WV} I_W \cos(30° - \varphi_W) \qquad (3\text{-}10)$$

当三相电路完全对称时，负载平衡时，两元件所测平均功率之和为

$$P = P_1 + P_2 = U_{UV} I_U \cos(30° + \varphi_U) + U_{WV} I_W \cos(30° - \varphi_W) \qquad (3\text{-}11)$$

由

$$U_{UV} = U_{VW} = U_{WU} = U$$

$$I_U = I_V = I_W = I$$

$$\cos\varphi_U = \cos\varphi_V = \cos\varphi_W = \cos\varphi$$

可得

$$P_1 = U_{UV} I_U \cos(30° + \varphi_U) = \frac{\sqrt{3}}{2} UI \cos\varphi - \frac{1}{2} UI \sin\varphi$$

$$P_2 = U_{WV} I_W \cos(30° - \varphi_W) = \frac{\sqrt{3}}{2} UI \cos\varphi + \frac{1}{2} UI \sin\varphi$$

于是

$$P = P_1 + P_2 = \sqrt{3} UI \cos\varphi \qquad (3\text{-}12)$$

用两只单相功率表测量三相功率时，每一只功率表的读数不代表任一相的功率，但两只功率表读数之代数和却代表了三相电路的总功率。

b. 采用三相两元件式功率表测量有功功率。在三相三线制电路中也可采用三相两元件式功率表测量有功功率。三相有功功率表直接接入电路的接线与图 3-6 相似。当需要经过互感器接入电路时，接线方式如图 3-7 所示。

测量三相有功功率的接线方式还有如图 3-8 所示的两种方式。三种接线方式满足同一规律：即电流线圈不论接在哪一相上（电流从"·"流入），同一元件的电压线圈带"·"的一端也应接在该相上，而将其另一端接在没有接入功率表电流线圈的那一相上。

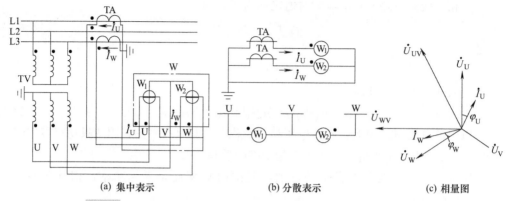

(a) 集中表示　　　　　　(b) 分散表示　　　　　　(c) 相量图

图 3-7 三相两元件式功率表测量的三相三线制电路有功功率接线

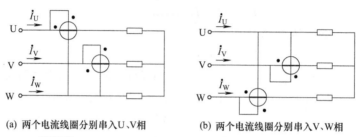

(a) 两个电流线圈分别串入U、V相　　　　(b) 两个电流线圈分别串入V、W相

图 3-8 测量三相三线制有功功率的另外两种接线方式

3. 1. 3. 2　无功功率的测量

应测量无功功率的回路有：同步发电机和发电/电动机的定子回路；主变压器、双绕组变压器的一侧和三绕组变压器（或自耦变压器）的三侧；66kV 及以上的输配电线路和用电线路；旁路断路器、母联（或分段）兼旁路断路器回路和 66kV 及以上的外桥断路器回路；330~500kV 并联电抗器；根据生产工艺的要求，需要监视无功功率的其他回路。

(1) 采用跨相 90°的接线方式测量无功功率

三相电路中的无功功率用有效值表示时为

$$Q = U_U I_U \sin\varphi_U + U_V I_V \sin\varphi_V + U_W I_W \sin\varphi_W \tag{3-13}$$

当三相电路完全对称时，可写成

$$Q = 3U_\phi I_\phi \sin\varphi = \sqrt{3} UI \sin\varphi \tag{3-14}$$

式中　U_ϕ、U——相电压和线电压的有效值，V；

　　　I_ϕ、I——相电流和线电流的有效值，A。

如果将式（3-13）改写成余弦形式，则得

$$Q = U_U I_U \cos(90° - \varphi_U) + U_V I_V \cos(90° - \varphi_V) + U_W I_W \cos(90° - \varphi_W) \tag{3-15}$$

从上式看出可以像测量三相四线电路有功功率那样，利用三只有功功率表测量

无功功率。方法是将有功功率表的电流线圈分别接入 I_U、I_V、I_W 三相电流回路，而电压线圈的两端不是接于 U_U、U_V、U_W 三个相电压上，而是接在滞后原来相电压 90° 的电压上。由图 3-9（b）所示的相量图中可以看出，如果三相电压对称，是可以实现的。

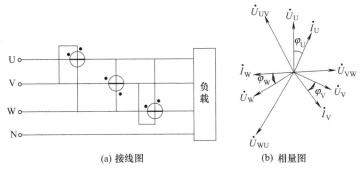

（a）接线图　　　　　　　（b）相量图

图 3-9　用跨相 90° 的接线法测量无功功率

从相量图中可以看到 $\dot{U}_{VW}$ 正好滞后于 $\dot{U}_U$90°，$\dot{U}_{VW}$ 与 $\dot{I}_U$ 间的相角差为 90°$-\varphi_U$，同样 $\dot{U}_{WU}$ 滞后 $\dot{U}_V$90°，$\dot{U}_{UV}$ 滞后 $\dot{U}_W$90°，如果用 $\dot{U}_{VW}$ 代替 $\dot{U}_U$；用 $\dot{U}_{WU}$ 代替 $\dot{U}_V$；用 $\dot{U}_{UV}$ 代替 $\dot{U}_W$，并注意极性，则其接线图如图 3-9（a）所示。三只有功功率表读数之和为

$$P_1+P_2+P_3=U_{VW}I_U\cos(90°-\varphi_U)$$
$$+U_{WU}I_V\cos(90°-\varphi_V)+U_{UV}I_W\cos(90°-\varphi_W) \quad (3-16)$$

上式（3-16）也可以改为

$$P_1+P_2+P_3=U_{VW}I_U\sin\varphi_U+U_{WU}I_V\sin\varphi_V+U_{UV}I_W\sin\varphi_W$$

当电源电压对称时

$$P_1+P_2+P_3=\sqrt{3}(U_UI_U\sin\varphi_U+U_VI_V\sin\varphi_V+U_WI_W\sin\varphi_W)$$
$$=\sqrt{3}Q \quad (3-17)$$

从式（3-17）可以看出，三只功率表读数之和为 $\sqrt{3}$ 倍的三相无功功率。前面的系数 $\sqrt{3}$ 是因为利用线电压代替了相电压接入表计的缘故。因此，测量结果必须除以 $\sqrt{3}$，才是三相的总无功功率。

这种接线方法，可以在完全对称的三相电路中应用，也可以在三相电压对称，但负载不平衡的三相三线制电路或三相四线制电路中应用。

（2）利用人工中性点的接线方式测量无功功率

采用跨相 90° 的接线测量三相电路无功功率的方法是如果能找到一个相应的电压，它滞后于原来电压 90°，用这个滞后 90° 的电压代替原来测量有功功率时接入仪表的电压，则所得的结果正比于三相电路的总无功功率。

如果在图 3-6 所示的利用两只有功功率表测量三相三线制电路有功功率的接线中，也能找到符合上述要求的电压去代替原来的电压 $\dot{U}_{UV}$ 和 $\dot{U}_{WV}$，即测得电路的无功功率。从图 3-9（b）可以看出，电压 $\dot{U}_W$ 超前 $\dot{U}_{UV}$ 90°，而电压 $-\dot{U}_W$ 滞后 $\dot{U}_{UV}$ 90°；同理 $\dot{U}_U$ 滞后 $\dot{U}_{WV}$ 90°，如果用 $-\dot{U}_W$ 代替 $\dot{U}_{UV}$，$\dot{U}_U$ 代替 $\dot{U}_{WV}$，则能满足要求的相位关系。由于三相三线制电路没有中性线，因而得不到相电压，如果想得到相电压 $\dot{U}_U$ 和 $-\dot{U}_W$ 就应制造一个人工中性点。

人工中性点的制造方法是取一个附加电阻 R_f，使其电阻值正好等于每只功率表电压线圈的内阻，如果功率表的内阻不是纯电阻，那么 R_f 应换成与其等值的阻抗。将 R_f 与两只功率表的电压线圈组成星形接线，如图 3-10 所示，图中 O 点即为人工中性点。第一只功率表所流入的电流为 U 相电流，电压为 $-\dot{U}_W$；第二只功率表通入的是 W 相电流，电压为 $\dot{U}_U$。其相量关系如图 3-10（b）所示。

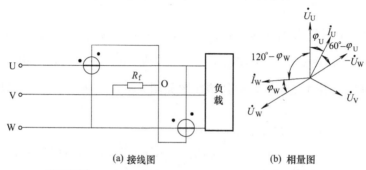

(a) 接线图　　　　　　　　　(b) 相量图

图 3-10　利用人工中性点接线测量三相电路无功功率

两只功率表所测得的功率分别为

$$P_1 = -U_W I_U \cos(60°-\varphi_U) \tag{3-18}$$
$$P_2 = U_U I_W \cos(120°-\varphi_W) \tag{3-19}$$

假设三相电路完全对称，即 $U_U = U_V = U_W = U_\phi$；$I_U = I_V = I_W = I_\phi$；$\varphi_U = \varphi_V = \varphi_W = \varphi$，则可写为

$$
\begin{aligned}
P_1 + P_2 &= U_\phi I_\phi \cos(60°-\varphi) + U_\phi I_\phi \cos(120°-\varphi) \\
&= U_\phi I_\phi \left[\cos(60°-\varphi) + \cos(120°-\varphi)\right] \\
&= 2U_\phi I_\phi \sin 60° \sin\varphi \\
&= \sqrt{3} U_\phi I_\phi \sin\varphi = \frac{1}{\sqrt{3}} Q
\end{aligned} \tag{3-20}
$$

可见，只要将表计的读数乘以 $\sqrt{3}$，即可得三相电路的总无功功率。这种方法同样只能用在三相完全对称，或只有负载电流不对称的情况下，否则将产生附加误差。

用两只有功功率表测量三相电路的无功功率与测量有功功率一样，也有三种不同的接线方式，但其原理是相同的。

3.2　电能的测量回路

电能测量对了解能量转换效率及用户用电的经济核算有重要意义。交流电路中测量电能的表计是电能表。电能表是将功率表和时间的乘积累计起来的仪表。电能表有单相电能表和三相电能表，三相电能表中又根据用途的不同分为三相有功电能表和三相无功电能表。

3.2.1　一般规定

电能计量装置应满足发电、供电、用电的准确计量的要求，以作为考核电力系统技术经济指标和实现贸易结算的计量依据。对电能计量的一般规定如下。

① 电能计量装置的分类及准确度等级最低要求如下。

a. 电能计量装置的分类。电能计量装置按其所计量对象的重要程度和计量电能的多少分为五类。

Ⅰ类电能计量装置：月平均用电量 5000MW•h 及以上或变压器容量为 10MV•A及以上的高压计费用户、200MW 及以上发电机、发电/电动机、发电企业上网电量、电网经营企业之间的电量交换点、省级电网经营企业与其供电企业的供电关口计量点的电能计量装置。

Ⅱ类电能计量装置：月平均用电量 1000MW•h 及以上或变压器容量为 2MV•A及以上的高压计费用户、100MW 及以上发电机、发电/电动机、供电企业之间的电量交换点的电能计量装置。

Ⅲ类电能计量装置：月平均用电量 100MW•h 以上或负荷容量为 315kV•A 及以上的计费用户、100MW 以下发电机的发电企业厂（站）用电量、供电企业内部用于承包考核的计量点、110kV 及以上电压等级的送电线路有功电量平衡的考核用、无功补偿装置的电能计量装置。

Ⅳ类电能计量装置：负荷容量为 315kV•A 以下的计费用户、发供电企业内部经济技术指标分析及考核用的电能计量装置。

Ⅴ类电能计量装置：单相电力用户计费用的电能计量装置。

b. 电能计量装置准确度最低要求。电能计量装置准确度最低要求如表 3-3 所示。

② 电能计量装置应采用感应式或电子式电能表。

③ 对于双向送、受电的回路，应分别计量送、受的有功电能和无功电能，感应式电能表应带有逆止机构。

表 3-3 电能计量装置准确度最低要求

电能计量装置 类别	准确度最低要求(级)			
	有功电能表	无功电能表	电压互感器	电流互感器
I	0.5S 或 0.5	2.0	0.2	0.2S 或 0.2
II	0.5S 或 0.5	2.0	0.2	0.2S 或 0.2
III	1.0	2.0	0.5	0.5S 或 0.5
IV	2.0	3.0	0.5	0.5S 或 0.5
V	2.0	—	—	0.5S 或 0.5

注：0.2S 级、0.5S 级指特殊用途的电流互感器，适用于负荷电流小，变化范围大（1%～120%）的计量回路。

④ 中性点有效接地的电能计量装置应采用三相四线的有功、无功电能表。中性点非有效接地的电能计量装置应采用三相三线的有功、无功电能表。

⑤ 为提高低负荷时的计量准确性，应选用过载 4 倍及以上的电能表。对经电流互感器接入的电能表，其标定电流宜不低于电流互感器额定二次电流的 30%（对 S 级为 20%），额定最大电流为额定二次电流的 120% 左右。

3.2.2 有功电能的计量

(1) 应计量有功电能的回路

① 同步发电机和发电/电动机的定子回路。

② 主变压器：双绕组变压器的一侧和三绕组变压器（或自耦变压器）的三侧。

③ 10kV 及以上的线路。

④ 旁路断路器、母联（或分段）兼旁路断路器回路。

⑤ 厂用、所用电变压器的一侧。

⑥ 厂用、所用电源线路及厂外用电线路。

⑦ 外接安保电源的进线回路。

⑧ 需要进行技术经济考核的高压电动机回路。

⑨ 按照电能计量管理要求，需要计量有功电量的其他回路。

(2) 有功电能的计量

交流电路单相有功电能可用下式表示：$A = Pt = UI\cos\varphi \cdot t$。式中，$U$ 为电网电压；I 为负荷电流；t 为通电时间；$\cos\varphi$ 为负荷的功率因数。电能的常用单位为 kW·h，简称度。

① 三相四线制电路有功电能的计量 三相四线制电路的有功电能测量，可以采用三相三元件有功电能表，电能表由三个独立元件构成，电

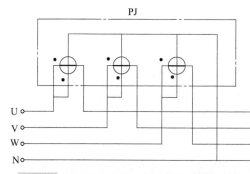

图 3-11 三相三元件有功电能表的测量电路

能表的读数即为三相电路的总电能。测量电路如图 3-11 所示。

用三相三元件有功电能表测量三相四线制电路的有功电能时，不论电压是否对称，负载是否平衡，都能正确测量三相四线制电路所消耗的有功电能。

也可用三相二元件有功电能表测量三相四线制电路的有功电能，三相二元件电能表与三相三元件电能表相比少其中一个元件，因而体积小，但使用范围与三相三元件电能表相同。图 3-12 所示为三相二元件有功电能表的接线。其接线特点是：不接 V 相电压，V 相电流线圈分别绕着 U、W 相电流线圈的电磁铁上，但其方向相反。

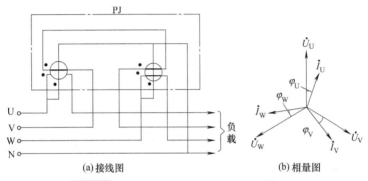

图 3-12　三相二元件有功电能表的测量电路

由图 3-12（b）所示的相量图可知，各元件所测得的电能为：

第一个元件

$$P_1 = U_U I_U \cos\varphi_U - U_U I_V \cos(120° + \varphi_V)$$
$$= U_U I_U \cos\varphi_U + \frac{1}{2} U_U I_V \cos\varphi_V + \frac{\sqrt{3}}{2} U_U I_V \sin\varphi_V \tag{3-21}$$

第二个元件

$$P_2 = U_W I_W \cos\varphi_W - U_W I_V \cos(120° - \varphi_V)$$
$$= U_W I_W \cos\varphi_W + \frac{1}{2} U_W I_V \cos\varphi_V - \frac{\sqrt{3}}{2} U_W I_V \sin\varphi_V \tag{3-22}$$

如果　$U_U = U_V = U_W$，则得

$$P_1 + P_2 = U_U I_U \cos\varphi_U + U_V I_V \cos\varphi_V + U_W I_W \cos\varphi_W \tag{3-23}$$

由式（3-23）可以看出，只要三相电压对称，不论负载是否平衡，用三相二元件式有功电能表能够正确测量三相四线制电路总的有功电能。

② 三相三线制电路有功电能的测量　对三相三线制电路的测量，既可以采用两只单相电能表测量电能，也可以用一只三相二元件电能表来测量电能。三相二元件电能表在发电厂及变电站被普遍采用。

图 3-13 所示为三相二元件电能表接线。第一个元件的电流线圈串接在 U 相

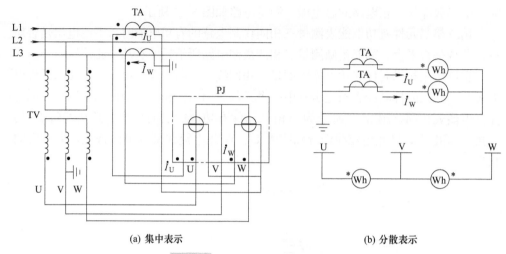

(a) 集中表示   (b) 分散表示

图 3-13　三相二元件电能表接线

上，电压线圈跨接在 UV 两相上；第二个元件的电流线圈接在 W 相上，电压线圈跨接在 WV 两相上。接线原理图与三相三线电路中的有功功率表相同。

3.2.3　无功电能的计量

(1) 应计量无功电能的回路

① 同步发电机和发电/电动机的定子回路。

② 主变压器：双绕组变压器的一侧和三绕组变压器（或自耦变压器）的三侧。

③ 10kV 及以上的线路。

④ 旁路断路器、母联（或分段）兼旁路断路器回路。

⑤ 330～500kV 并联电抗器。

⑥ 按照电能计量管理要求，需要计量无功电量的其他回路。

(2) 利用有功电能表测量三相无功电能

① 用三只单相电能表，计量三相三线或三相四线电路的无功电能，接线图与图 3-9 相同，但应将其测量结果乘以 $\dfrac{1}{\sqrt{3}}$，才是该电路实际所传送的无功电能。这种方式只要三相电压对称，不论负荷是否对称都可。

② 如果三相电路的电压和负荷都对称，则可用一只单相有功电能表测量三相无功电能，接线如图 3-14 所示。测得的电能为

$$P = U_{VW}I_U\cos\beta = U_{VW}I_U\cos(90°-\varphi_U)$$

$$= U_{VW}I_U\sin\varphi_U = \frac{1}{\sqrt{3}}Q \tag{3-24}$$

由上式可知，采用一只单相电能表测量三相无功电能时，只要将电能表的读数

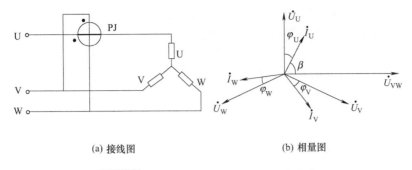

(a) 接线图　　　　　　　　　　(b) 相量图

图 3-14　用一只电能表测量三相无功电能

乘以 $\sqrt{3}$ 即可得三相总无功电能。

③ 如果三相完全对称还可利用一只三相二元件有功电能表测量三相无功电能，接线如图 3-15 所示。所测电能（用有功功率表示）为

$$P = P_1 + P_2 = U_{VW} I_U \cos(90° - \varphi_U) + U_{VU} I_W \cos(90° + \varphi_W)$$

式中　P_1——第一个元件的读数；

　　　P_2——第二个元件的读数。

由于三相电路完全对称，因此上式可写成

$$P = 2UI \cos(90° - \varphi) = 2UI \sin\varphi \tag{3-25}$$

由式（3-25）可知，用三相二元件有功电能表测量三相无功电能时，只要将电能表的读数乘以 $\dfrac{\sqrt{3}}{2}$，即为三相负荷总无功电能。

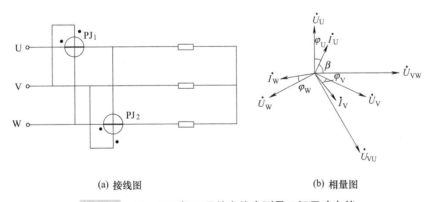

(a) 接线图　　　　　　　　　　(b) 相量图

图 3-15　用一只三相二元件电能表测量三相无功电能

(3) 利用无功电能表测量三相无功电能

三相电路普遍采用三相无功电能表计量，常见的有两种类型：一种是带有附加电流线圈的（DX1 型），用在三相三线制电路中，也可以用在三相四线制电路中；另一种是电压线圈接线带 60° 相角差的（DX2 型），通常只用在三相三线制电路中。

两种都是三相二元件的无功电能表，都是采用跨相的接线方法。

① 带有附加电流线圈的三相无功电能表　这种无功电能表的构造和三相二元件有功电能表相似，每个元件有两个电流线圈，分别接入不同相别的电流回路中，其接线如图 3-16（a）所示。下面根据图 3-16（b）中的相量关系，对两个元件所计量的电能分别加以分析（以功率表示）。

第一个元件：

$$P_1 = U_{VW}I_U\cos(90°-\varphi_U) - U_{VW}I_V\cos(30°+\varphi_V)$$

$$= U_{VW}I_U\sin\varphi_U - \frac{\sqrt{3}}{2}U_{VW}I_V\cos\varphi_V + \frac{1}{2}U_{VW}I_V\sin\varphi_V \tag{3-26}$$

第二个元件：

$$P_2 = U_{UV}I_W\cos(90°-\varphi_W) - U_{UV}I_V\cos(150°+\varphi_V)$$

$$= U_{UV}I_W\sin\varphi_W + \frac{\sqrt{3}}{2}U_{UV}I_V\cos\varphi_V + \frac{1}{2}U_{UV}I_V\sin\varphi_V \tag{3-27}$$

假设三相电压对称，则有

$$U_{UV} = U_{VW} = U_{WU} = U$$

因此，两元件测量的总功率为

$$P = P_1 + P_2 = UI_U\sin\varphi_U + UI_V\sin\varphi_V + UI_W\sin\varphi_W$$

$$= \sqrt{3}\,(U_UI_U\sin\varphi_U + U_VI_V\sin\varphi_V + U_WI_W\sin\varphi_W) \tag{3-28}$$

$$= \sqrt{3}\,Q$$

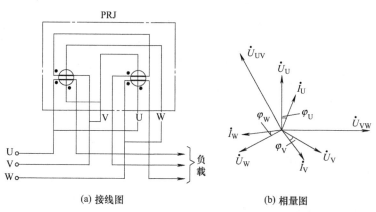

(a) 接线图　　　　　　　　　(b) 相量图

图 3-16　有附加电流线圈的三相无功电能表测量回路

如果在仪表设计中预先考虑 $\sqrt{3}$ 倍的比例关系，则可直接读出三相电路总的无功电能。此种无功电能表，不论负载是否平衡，只要三相电压对称，都能正确地计量三相电路的无功电能。

② 带 60°相角差的三相无功电能表　这种三相无功电能表的结构与二元件三相

有功电能表相同。特点是：通过在电压线圈上串联接入电阻 R_1 和 R_2，使电压线圈中流过的电流 I_U 不是滞后于电压 $90°$，而是滞后 $60°$，相当于把加入电压线圈的电压（$\dot{U}_{VW}$、$\dot{U}_{UW}$）超前旋转了 $30°$，第一个元件接入 U 相电流和 VW 相间电压，第二个元件接入 W 相电流和 UW 相间电压。相量关系如图 3-17（b）所示。

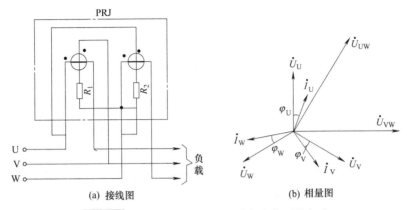

(a) 接线图 (b) 相量图

图 3-17 60°相角差的三相无功电能表测量电路

每个元件测量的电能为

第一个元件：

$$P_1 = U_{VW} I_U \cos[90° - (\varphi_U + 30°)]$$
$$= U_{VW} I_U \cos(60° - \varphi_U)$$
$$= \frac{1}{2} U_{VW} I_U \cos\varphi_U + \frac{\sqrt{3}}{2} U_{VW} I_U \sin\varphi_U$$

(3-29)

第二个元件：

$$P_2 = U_{UW} I_W \cos[150° - (\varphi_W + 30°)]$$
$$= U_{UW} I_W \cos(120° - \varphi_W)$$
$$= -\frac{1}{2} U_{UW} I_W \cos\varphi_W + \frac{\sqrt{3}}{2} U_{UW} I_W \sin\varphi_W$$

(3-30)

当三相电路完全对称时，则

$$U_{UV} = U_{VW} = U_{WU} = U$$
$$I_U = I_V = I_W = I$$
$$\varphi_U = \varphi_V = \varphi_W = \varphi$$

两元件测量电能之和为

$$P = P_1 + P_2 = 2 \times \frac{\sqrt{3}}{2} UI \sin\varphi$$
$$= \sqrt{3} UI \sin\varphi = Q$$

可以看出带 60° 相角差的三相无功电能表能够测量三相三线电路的总无功电能。

3.3 交流电网绝缘监察装置

在 110kV 及以上中性点直接接地系统中，当发生一相接地时就形成了单相接地短路，由于此时接地电流很大，继电保护动作使断路器跳闸，切除故障线路，因此不需要监视各相对地的绝缘情况。中性点直接接地系统由于接地电流大所以又被叫作大接地电流系统。

在 35kV 及以下中性点不直接接地系统中，正常运行时，各相对地电压等于相电压，当发生一相接地故障时，接地相对地电压为零。其他两相（非故障相）的对地电压比其正常运行时的对地电压高$\sqrt{3}$倍。由于此时系统只有一点接地，没有构成短路回路，因此故障点只流过很小的短路电流，中性点不直接接地系统由于接地电流小因此又叫作小接地电流系统。由于此时相间电压的对称性没有被改变，所以可以继续运行一段时间，但是这种不正常的运行状态不能持续时间过长，一般规定在 2h 以内。如果一相接地的情况没有被及时发现和处理，由于其他两个非故障相对地电压的升高，可能使其中一相对地绝缘薄弱处被击穿而造成相间短路。因此，需装设绝缘监察装置，以便在电网发生一相接地时能够被及时发现和处理。

下列回路，应监测交流系统的绝缘：

① 同步发电机和电动/发电机的定子回路；

② 中性点非有效接地系统的母线和回路。

在小接地电流系统中发生单相接地时，接地相的对地电压降低，其他两相对地电压升高，系统中出现零序电压和零序电流，电网的单相接地保护装置就是根据这一原理实现的。利用有方向性的零序电流构成有选择性的接地保护，利用零序电压构成无选择性的接地保护。由于在小电流接地电网中任何一点发生单相接地时都会出现零序电压，所以通常将无选择性的接地保护装置称为绝缘监察装置。

绝缘监察装置的构成有两种形式：①利用接于母线电压互感器二次侧的相电压上的三个低电压继电器构成；②利用接于开口三角形侧的反映零序电压的一个过电压继电器构成。由于第一种形式不能区分电压互感器二次回路断线和电网中单相接地故障，而且需要设备较多，因此第二种形式应用比第一种形式广泛。在接线简单的电网中，绝缘监察装置是唯一的单相接地保护装置，不论在该电压等级电网中任何一条线路上发生单相接地，它都能发出预告信号。

由继电器构成的绝缘监察装置，只能发出预告信号，但是不能指示是哪一相发生了接地。为了判断接地相，在发电厂和变电站的中央信号屏上还装有三只接于相电压上的绝缘监察电压表。正常运行时，三只电压表读数相同，当出现一相接地时，故障相的电压表读数降低，其他两相的电压表读数升高。值班人员听到电铃响并根据中央信号屏上的光字牌知道哪一级电网发生了接地故障后，可由绝缘监察电压表的指针判断故障相及故障程度，然后通过顺序拉闸的办法寻找故障线路。如拉开某条线路时，绝缘监察继电器返回（在室内配电装置有灯光和音响信号），绝缘监察电压表指示恢复正常，则所断开的线路就是故障线路。找到接地点后，可以在规定时间内将负荷转移，以便对故障线路进行检修。

在设计绝缘监察装置接线图时，为了使绝缘监察继电器和电压表能正确反映电网的接地故障，还必须注意与电压互感器接线及结构有关的下述两个问题。

① 为了要反映每相对地的电压，电压互感器高压侧的每相绕组必须接在相与地之间，即电压互感器的高压侧绕组必须接成星形，并且将中性点接地，同时电压互感器低压侧应有一个绕组接成星形，一个绕组接成开口三角形。为了人身安全，每个低压绕组也必须有一点接地（星形接线侧可使中性点接地，或 V 相接地而中性点加击穿保险器），以免在高低压绕组间绝缘击穿时造成设备和人身危险。

② 电压互感器可以用三个单相电压互感器，或者用一个三相五柱式电压互感器，切不可用三相三柱式电压互感器。因为要测量相对地的电压，必须使电压互感器一次侧的中性点接地，而一般三相三柱式电压互感器是不能将一次侧的中性点抽出接地的。

图 3-18 所示是小电流接地系统绝缘监察装置的原理接线图，电压互感器为三相五柱式。互感器二次侧星形绕组上每相接入一只电压表，以测量母线电压；在二次侧的开口三角形绕组上接入一只过电压继电器，通过继电器再接信号装置。

在正常情况下，二次侧星形绕组三相上的电压表显示三相母线的电压（相电压）；而开口三角形绕组在三相对称时引出端子上没有电压，过电压继电器不动作。

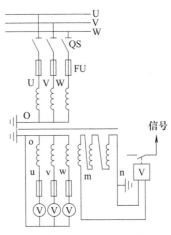

图 3-18 小电流接地系统绝缘监察装置原理接线图

当发生单相接地时，如 U 相发生金属性接地，此时 $\dot{U}_\mathrm{u}=0$，$U_\mathrm{v}=U_\mathrm{w}=\sqrt{3}U_\mathrm{ph}$（$\sqrt{3}U_\mathrm{ph}$ 为线电压），由图 3-19 可知，此时开口三角形的继电器上电压不再为零，而开口三角形三绕组的总电压为

$$\dot{U}_\mathrm{j}=\dot{U}_\mathrm{u}+\dot{U}_\mathrm{v}+\dot{U}_\mathrm{w}=\sqrt{3}\dot{U}_0$$

即三倍零序电压，其值为 100V。当接地是非金属性、经过渡电阻接地时，故障电压不降至零，继电器上的电压也低于 100V，但当此电压高于继电器启动电压（一般整定为 15V）时，继电器动作，发出单相接地报警信号（灯光及音响），运行人员到中央信号屏上三只电压表处查看电压指示，则故障相电压降低，而非故障相

电压升高。然后采用传统的顺序拉闸法或目前已有的小电流接地系统自动选线装置，找出接地线路。

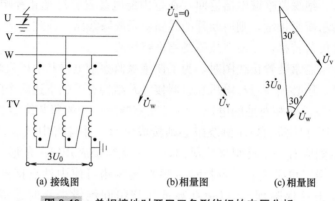

(a) 接线图   (b) 相量图   (c) 相量图

图 3-19 单相接地时开口三角形绕组的电压分析

第4章
同步系统

4.1 同步系统概述

发电机与发电机或发电机与电力系统作同步并列运行的操作称为同步操作（或称同步并列）。并列运行是借助于同步装置和同步电压实现的。在发电厂和变电站中，通常把反映同步装置和同步电压连接关系的回路称为同步系统。

同步并列的基本要求如下：

① 投入瞬间冲击电流和冲击力矩不应超过允许值；

② 并列后发电机应能迅速被拉入同步。

如果不能满足上述条件，则会出现很大的冲击电流和冲击功率，使机组剧烈振动，系统电压瞬时下降，严重时甚至使机组损坏，电力系统振荡而破坏系统的稳定运行，造成严重后果。

4.1.1 同步并列的方法

常用的同步并列方法有自同步和准同步两种。

(1) 自同步法

此方法是发电机在并列前未加励磁，调节发电机的转速，当待并发电机的转速与同步转速相接近时，将发电机出口断路器合闸，然后再合上发电机的灭磁开关给发电机加上励磁。使发电机自动拉入同步。

自同步法的特点是并列过程迅速，操作简单，在系统电压和频率严重下降时，仍可投入发电机，易于实现操作过程自动化。但是，并列时冲击电流较大，会引起电力系统电压暂时降低。因此，有关规程规定：对于单机容量在 100MW 以下的汽轮发电机，当最大冲击电流周期分量 I 不超过额定电流的 $\dfrac{0.74}{x''_d}$ 倍时（x''_d 为待并发电机纵轴次暂态电抗），才允许采用自同步并列；一般水轮发电机和同步调相机，以及汽轮发电机-变压器组可采用自同步并列。对于两个系统之间的并列则不能采用自同步并列。

(2) 准同步法

准同步法是将待并发电机在投入系统前通过调速器调节原动机转速，使待并发电机转速升至接近同步转速后，经过励磁调整装置调节发电机励磁电流，当发电机（或待并系统）频率、电压相角、电压大小分别与运行系统（以下简称系统）频率、电压相角、电压大小接近相同时，选择在零相角差到来前的适当时刻向断路器发出合闸脉冲，即合上相应的断路器，把待并发电机（或待并系统）投入系统。

准同步法的优点是并列时冲击电流较小，不会引起系统电压降低；缺点是并列时间较长，还可能由于操作人员失误，发生误操作，而造成非同步并列。准同步并列不仅适用于发电机并入系统，而且也适用于两个系统之间的并列，所以一般火力发电厂和变电站都采用准同步并列。

并列条件如下。

① 理想并列条件

a. 电压差 $\Delta u = 0$；

b. 频率差 $\Delta f = 0$ 或 $\Delta \omega = 0$；

c. 相角差 $\delta = 0$。

上述三个条件同时满足的情况下进行并列合闸时，冲击电流等于零；发电机能迅速被拉入同步，对系统无任何冲击。但是，上述三个条件很难实现，所以工程中只要能满足并列的实际条件即可。

② 实际并列条件

a. 电压差 $\Delta u \leqslant \pm 10\% U_N$；

b. 频率差 $\Delta f = \pm(0.05 \sim 0.25) \text{Hz}$；

c. 并列合闸瞬间相角差 $\delta \leqslant \delta_{en}$（允许值）。

另外，同期并列的前提条件是同期点两侧电压的相序必须相同，由于这个条件在设备安装和检修过程中已经调试确定了，所以，在进行同期并列操作时只要满足上述三个条件就可以了。

4.1.2 同步点的设置

一般把在某些情况下需要通过同期操作进行合闸的断路器称为同期点。如果某一台断路器跳闸后，其两侧电源来自不同的系统，那么此断路器即为同步点。图4-1 中标有方框的断路器应设为同步点。

① 发电机出口断路器一侧有发电机电压，另一侧有母线电压，所以出口断路器为同步点，如图中虚线框 3 中的断路器 QF3。

② 发电机-双绕组变压器组出口断路器是同步点。如图中虚线框 1、4、5 中的

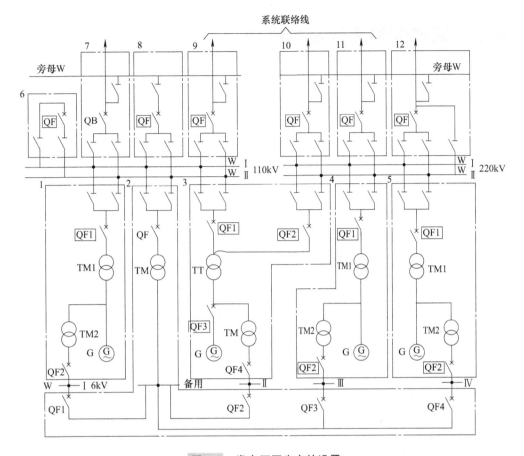

图 4-1　发电厂同步点的设置

断路器 QF1。

③ 自耦变压器或三绕组变压器的各侧断路器都是同步点。如图中虚线框 3 中的断路器 QF1、QF2、QF3。这些并列点是为了减少并列时可能出现的倒闸操作，以保证事故情况下迅速可靠地恢复供电。

④ 系统联络线的线路断路器是同步点。如图中虚线框 9、10、11 中的断路器 QF。

⑤ 旁路断路器是同步点。因为它可以代替联络线断路器进行并列。如图中虚线框 12 中的断路器 QF。

⑥ 厂用 6kVⅢ、Ⅳ段母线电源进线断路器是同步点。这是因为发电机变压器组接入 220kV 系统，而备用变压器 TM 接入 110kV 系统，即它们未接在同一系统。与此相反，厂用Ⅰ、Ⅱ段母线电源进线断路器不是同步点。

⑦ 母联断路器是同步点。如图中虚线框 6 中的断路器 QF。它们是同一母线上的所有电源元件的后备同步点。

4.2 同步测量表计及其接线

同步测量表计有两种型式：一种是同步小屏，它装有五只测量仪表，即两只频率表、两只电压表和一只同步表，同步表的形式有多种，1T1-S 型电磁式同步表是目前广泛采用的一种同步表；另一种是组合式同步表。目前广泛采用 MZ-10 型组合式同步表，它由电压差表 V（P1）、频率差表 Hz（P2）、同步表 S（P3）组成。

4.2.1 1T1-S 型电磁式同步表

(1) 结构

图 4-2 所示为 1T1-S 型同步表的外形、接线及内部结构。仪表内有三个固定线圈。线圈 L_1 和 L_3 经过附加电阻 R_1、R_2 和 R_3 分别接至待并发电机的电压 $\dot{U}_{UV}$ 和 $\dot{U}_{VW}$ 上，在空间布置上相互垂直，如果附加电阻 R_1、R_2 和 R_3 的阻值选择适当，则可使流经线圈 L_1 和 L_3 中的电流在相位上也相差 $90°$，用以产生旋转磁场，此旋转磁场在空间上也将与两个线圈平面垂直。

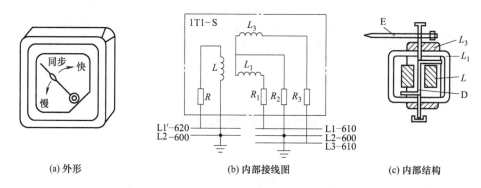

(a) 外形　　　　　　　(b) 内部接线图　　　　　　　(c) 内部结构

图 4-2 1T1-S 型同步表的外形、结构及接线图

另一个线圈 L 是布置在线圈 L_1 和 L_3 的内部，沿轴向绕在可动 Z 形铁片的轴套 D 的外面。轴套 D 与转轴紧固在一起。转轴上部用螺钉固定着指针 E 和燕尾形平衡锤，还有圆形阻尼片。两块阻尼磁铁固定在座架上。可动部分在线圈内部可以像电机的转子一样自由地转动。线圈 L 经附加电阻 R 接在已运行系统的电压 U、V 相上，线圈 L 内所产生的磁场为一个正弦脉动磁场，使 Z 形铁片磁化。

(2) 工作原理

图 4-3 所示为 1T1-S 型同步表的工作原理。图 4-3 (a) 表示旋转磁场在空间的分布情况；由图 4-3 (b) 可知，由于各相所接附加电阻的阻值不同，致使中性点 N 移至 N′ 处，并且使流经线圈 L_1 中的电流 $\dot{i}_1$ 与流经线圈 L_3 中的电流 $\dot{i}_3$ 之间在

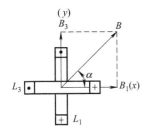
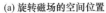
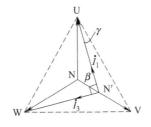
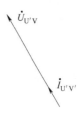

(a) 旋转磁场的空间位置　　(b) 线圈 L_1 和 L_3 中电流相量图　　(c) 线圈 L 中电流相量图

图 4-3　1T1-S 型同步表的工作原理

相位上相差 $90°$，即 $\beta = 90°$。

如果以待并系统线电压 $\dot{U}_{UV}$ 为参考相量，中性点位移后，电压 $\dot{U}_{UN'}$ 与线电压 $\dot{U}_{UV}$ 之间的夹角为 γ，则流经线圈 L_1 和 L_3 中电流的瞬时值分别为

$$i_1 = \sqrt{2}\, I_1 \sin(\omega_G t - \gamma) \tag{4-1}$$

$$i_3 = \sqrt{2}\, I_3 \sin(\omega_G t - \gamma + \beta) \tag{4-2}$$

式中　I_1——L_1 中电流的有效值，A；

　　　I_3——L_3 中电流的有效值，A。

电流 i_1 和 i_3 在线圈 L_1 和 L_3 中所产生磁场的磁感应强度分别为

$$B_1 = B_{1m} \sin(\omega_G t - \gamma) \tag{4-3}$$

$$B_3 = B_{3m} \sin(\omega_G t - \gamma + \beta) \tag{4-4}$$

式中　B_{1m}——L_1 中磁感应强度的最大值，WB/m^2；

　　　B_{3m}——L_3 中磁感应强度的最大值，WB/m^2。

假设 B_1 的正方向与 x 轴的正方向一致，B_3 的正方向与 y 轴的正方向一致，则有

$$B_x = B_1，B_y = B_3$$

合成磁感应强度 B 为

$$B = \sqrt{B_x^2 + B_y^2} = \sqrt{B_1^2 + B_3^2} \tag{4-5}$$

设合成磁感应强度 B 与 x 轴的夹角为 α，则有

$$\tan\alpha = \frac{B_y}{B_x} = \frac{B_3}{B_1} = \frac{B_{3m}\sin(\omega_G t - \gamma + \beta)}{B_{1m}\sin(\omega_G t - \gamma)}$$

若　$B_{1m} = B_{3m} = B_m$，并且 $\beta = 90°$，则

$$\tan\alpha = \frac{\cos(\omega_G t - \gamma)}{\sin(\omega_G t - \gamma)} = \cot(\omega_G t - \gamma) \tag{4-6}$$

$$= \tan[90° - (\omega_G t - \gamma)]$$

于是，可得

$$\alpha = (90° + \gamma) - \omega_G t \tag{4-7}$$

对于已制成的同步表来说，γ 为一恒定值，故 α 角是随着 $\omega_G t$ 而变化，即 B 在空间上为一个幅值不变的圆形旋转磁场。

由电流 $I_{U'V'}$ 在线圈 L 中所产生的磁场为一个按正弦规律变化的脉动磁场，即在任何时刻，磁场在空间的轴线并不移动，而只是其磁感应强度的大小和方向按正弦规律作周期性的变化。

（3）同步表在不同运行情况下的动作情况

① 待并发电机与系统完全同步时　此时，$\dot{U}_{U'V} = \dot{U}_{UV}$ 和 $\omega_G = \omega_S$。由图 4-3（c）可知，在线圈 L 中的电流 $I_{U'V'}$ 与参考电压 $\dot{U}_{UV}$ 相位相同，则线圈 L 中产生周期性变化的脉动磁场，磁感应强度为

$$B_L = B_{Lm}\sin(\omega_S t) \tag{4-8}$$

Z 形铁片被脉动磁场磁化，磁化了的铁片处在旋转磁场之中，由于铁片上磁性的大小和方向都随着脉动磁场呈周期性的变化，加上铁片本身有惯性，所以它不能像由直流励磁的同步电机的转子那样，永远追随着旋转磁场旋转，而是力图占据磁场能力最大的位置，即当铁片被磁化而磁性最强时，它总是力图与旋转磁场的磁极轴线方向保持一致。当它已占据了这一位置后，旋转磁场在空间上继续以 $\omega_G = 2\pi f_G$ 的角速度不停顿地旋转，旋转磁场的磁极转过去，Z 形铁片的磁性随着开始减弱，当磁极转过 90° 时，Z 形铁片的磁性已消失，当磁极转过 180° 时，Z 形铁片的磁性正好达到反方向最强，仍保持停在磁场能力最大的位置上。这样，当发电机与系统完全同步时，与 Z 形铁片装在同一转轴上的指针 E，将停留在一定的位置上不动，此位置即为同步表的同步点，此时，正好是 $B_L = B_{Lm}$，则 $\sin(\omega_S t) = 1$。

由此可得 $\omega_S t = 90°$，将此值代入式（4-7）可得

$$\alpha = \gamma \tag{4-9}$$

也就是说，当指针指示同步点时，Z 形铁片与线圈 L_3 的夹角 α 等于 γ。对已制成的同步表来说，γ 是恒定值，所以表计的同步点是固定的，并在表盘上有明显的红线条标志。

② 待并发电机与系统的电压、频率相等，但相角不同时　此时，$\omega_S = \omega_G$，但 $\dot{U}_{U'V}$ 与 $\dot{U}_{UV}$ 相角不等。例如，当待并发电机电压 $\dot{U}_{UV}$ 的相角滞后系统电压 $\dot{U}_{U'V}$ 的角度为 δ 时，这时作用在 Z 形铁片的脉动磁感应强度为

$$B_L = B_{Lm}\sin(\omega_S t + \delta)$$

当　　　　　　　　　　$B_L = B_{Lm}$

则　　　　　　　　　　$\omega_S t = 90° - \delta$

将上式代入式（4-7），可得

$$\alpha = (90° + \gamma) - 90° + \delta = \gamma + \delta \tag{4-10}$$

磁场将比在同步时提前 δ 角达到最大值，因此，它为了保持占据磁场能量最大的位置，指针停留的位置将偏离开同步点，而是向"慢"的方向转过一个角度 δ。

同理，当待并发电机电压$\dot{U}_{UV}$的相角超前系统电压$\dot{U}_{U'V}$的角度为δ时，指针停留的位置将向"快"的方向偏转δ角。

③ 待并发电机的频率与系统频率不等时　此时$f_G \neq f_S$，由于两者频率不等，Z形铁片被脉动磁场交变磁化一次，旋转磁场不是正好转过一周，因而指针不可能停留在一个固定的位置上。若待并发电机频率比系统频率高，则脉动磁场交变一次，旋转磁场转过一圈多，这时Z形铁片仍要保持其被磁化最强的瞬间位置，与旋转磁场的轴线在空间上的位置相重合，就得带着指针偏离开原来相遇位置一个角度，等到下一个周波又要在刚才位置基础上，再偏离一个角度。实际上，这个过程是连续的，从表盘上看，指针就向"快"的方向旋转。同样道理，如果待并发电机频率低于系统频率，Z形铁片就带着指针向"慢"的方向旋转。显然，发电机和系统频率差得越多，指针转得越快。但当两侧频率差到一定程度后，由于可动部分惯性的影响，指针将不再旋转，而只作较大幅度的摆动，如二者频率相差太多，指针就停着不动了。所以规定，对1T1-S型同步表，只当两侧频率差在± 0.5Hz以内时，才允许将同步表接入同步电压小母线上。

根据上面的分析可知，1T1-S型同步表的工作原理是以待并发电机电压相量$\dot{U}_{UV}$为基准，并假定其固定在同步点上，而系统电压相量$\dot{U}_{U'V}$相对$\dot{U}_{UV}$而变化，即指针表示系统电压（$\dot{U}_{U'V}$）相量。当系统频率高于待并发电机频率，即Δf（$\Delta f = f_S - f_G$）大于零时，指针向逆时针（"慢"）方向旋转；当系统频率低于待并发电机频率，即Δf小于零时，指针向顺时针（"快"）方向旋转。指针旋转的角频率等于ω_N。在ω_S等于零的情况下：当系统电压$\dot{U}_{U'V}$超前待并发电机$\dot{U}_{UV}$的角度为δ时，指针向逆时针（"慢"）的方向偏转δ角；反之，指针向顺时针（"快"）的方向偏转δ角。

4.2.2　组合式同步表

MZ-10型组合式同步表的外形如图4-4所示。MZ-10型组合式同步表按接线方式可分为三相式和单相式两种，其内部电路如图4-5所示。仪表由电压差表、频率差表和同步表三部分组成。同步表S是两线圈在空间夹角为60°角的电磁式同步

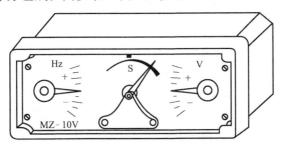

图4-4　MZ-10型组合式同步表外形

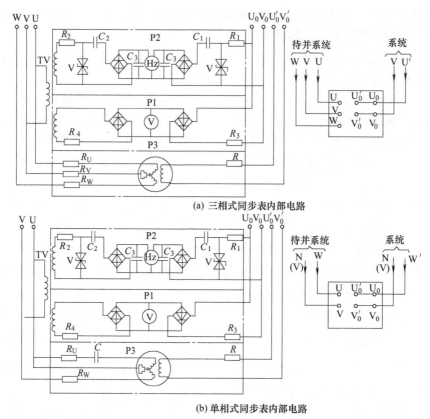

(a) 三相式同步表内部电路

(b) 单相式同步表内部电路

图 4-5 MZ-10 型组合式同步表电路

表，它的工作原理与 1T1-S 型同步表相似。

电压差表 P1 的测量机构为磁电式微安表。整流电路将待并发电机和系统的交流电压变换成直流电流，并流入微安表进行比较。两个电流相等时，其差值等于零，微安表指针不偏转，即停留在零（水平）位置上；当待并发电机电压大于系统电压，即 ΔU（$\Delta U = U_G - U_S$）大于零时，微安表指针向正方向偏转；反之，指针向负方向偏转。

频率差表 P2 的测量机构为直流流比计。削波电路、微分电路（C_1 和 R_1 或 C_2 和 R_2）和整流电路，将输入的两个正弦交流电压变换为与其电源频率大小成正比的直流电流。这两个电流分别流入流比计的两个线圈中，两个线圈分别绕在同一铝架上，并在永久磁铁所产生的固定磁场里，产生一对相反方向的转矩。所以，当待并发电机与系统的频率相同，即 Δf 等于零时，两个线圈所产生的转矩正好相互抵消，作用在流比计指针上的总力矩等于零，则指针不偏转，而停留在零（水平）位置上。当两侧频率不等时，指针偏转，直到与游丝所产生的反力矩相平衡为止，其指针偏转方向取决于频率差的极性。当待并发电机频率大于系统频率，即 $\Delta f =$

$(\Delta f = f_G - f_S)$ 大于零时，指针向正方向偏转；反之，指针向反方向偏转。

在组合式同步表中，电压差表 P1 和频率差表 P2 都是以系统电压和系统频率为基准。所以，对于同步表 P3，通常也是以系统电压相量 $\dot{U}_{U'V'}$ 为基准，并假定其指向 12 点钟时固定不动，待并发电机电压相量 $\dot{U}_{UV}$ 相对于 $\dot{U}_{U'V'}$ 而变化，即指针表示待并发电机电压相量 $\dot{U}_{UV}$。当系统频率高于待并发电机频率，即 $\Delta f = (\Delta f = f_G - f_S)$ 小于零时，指针向顺时针方向旋转；反之，当 Δf 大于零时，指针向逆时针方向旋转。指针旋转的角频率等于 $\Delta \omega$。在 $\Delta \omega$ 等于零的情况下：当系统 $\dot{U}_{U'V'}$ 超前待并发电机电压 $\dot{U}_{UV}$ 的角度为 δ 时，指针向顺时针方向偏转 δ 角；反之，指针向逆时针方向偏转 δ 角。

组合式同步表的优点是准确度高，尺寸小，不需要单独的同期小屏。缺点是不能指示两侧电源的频率和电压的绝对值。

如果同步过程需要"粗略同步"和"精确同步"两步骤时，U₀、V₀ 接"粗略同步"回路，U₀'、V₀' 接"精确同步"回路。当同步过程没有粗略与精确之分时，应把 U₀ 与 U₀'、V₀ 与 V₀' 相连。

4.3　同步电压的引入

采用准同步并列操作，首先要通过同步装置检测待并断路器两侧电压是否满足并列条件，由于全厂（站）共用一套同步装置，而全厂（站）有多个同步点，这就需要把待并断路器两侧的电压引到同步电压小母线上，然后再引入到同步装置中。在没有并列操作（即全厂所有的同步开关断开）情况下，同步电压小母线上没有电压。在并列操作时，经过隔离开关的辅助触点和同步开关触点的切换将断路器两侧经互感器变换后的二次电压引到同步电压小母线上，此时同步电压小母线才带有待并断路器两侧的二次电压。通常把同步电压小母线上的二次电压称为同步电压。同步电压的引入方式取决于同步装置（或同步表）的接线方式，有三相和单相两种接线方式。

4.3.1　三相接线方式同步电压的引入

当同步系统采用三相接线方式时，设置四条同步电压小母线：即系统电压小母线 L1′-620；待并系统电压小母线 L1-610、L3-610；公用接地小母线 L2-600。同步装置从同步电压小母线 L1-610、L3-610、L2-600 和 L1′-620、L2-600 分别引入待并系统的三相电压和系统的两相电压。

(1) 发电机出口断路器和母联断路器同步电压的引入

发电机出口断路器和母联断路器三相同步电压的引入如图 4-6 所示。同步点分

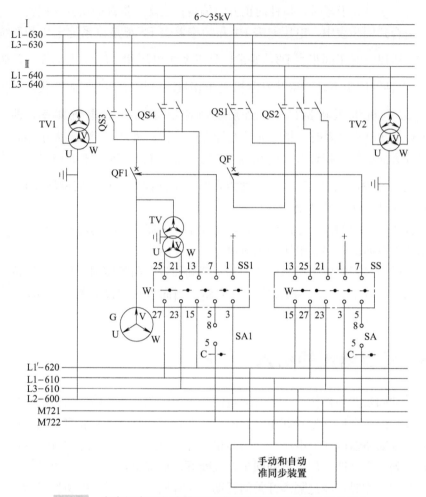

图 4-6 发电机出口断路器和母联断路器三相同步电压的引入

别为 QF1 和 QF。在没有并列操作前，除公用接地小母线 L2-600 正常接地外，其余三条小母线均无电压。图中，SS 和 SS1 分别为母联断路器 QF 和发电机出口断路器 QF1 的同步开关，有"工作（W）"和"断开"两个位置。

① 发电机出口断路器同步电压的引入　当利用发电机出口断路器 QF1 进行并列时，待并发电机侧是将发电机出口处电压互感器 TV 的二次侧 U、W 相电压经同步开关 SS1 的触点 25-27 和 21-23 分别引至同步电压小母线 L1-610 和 L3-610 上；系统侧由于是双母线系统，同步电压是由母线电压互感器 TV1（或 TV2）的电压小母线 L1-630（或 L1-640）经隔离开关 QS3（或 QS4）的辅助触点切换，再经过同步开关 SS1 的触点 13-15 引至同步电压小母线 L1'-620 上。准同步装置从同步电压小母线上取得发电机和系统的同步电压。

经过 QS3（或 QS4）辅助触点切换的目的，是为了确保引至同步电压小母线上的同步电压与所操作的断路器两侧系统电压完全一致。即当断路器 QF1 经过 QS3 接至 I 母线时，应将 I 母线的电压互感器 TV1 的二次电压从其电压小母线 L1-630 引至 L1'-620 上；当断路器 QF1 经过 QS4 接至 II 母线时，应将 II 母线的电压互感器 TV2 的二次电压从其电压小母线 L1-640 引至 L1'-620 上。上述切换是利用隔离开关的辅助触点，在进行倒闸操作的同时自动完成的。

② 母联断路器同步电压的引入　当利用母联断路器 QF 进行并列时，其两侧同步电压是由母线电压互感器 TV1 和 TV2 的电压小母线，先经隔离开关 QS1 和 QS2 的辅助触点，再经同步开关 SS 的触点，引至同步电压小母线上。即 I 母线的电压互感器 TV1 的二次 U 相电压，从其小母线 L1-630，先经 QS1 的辅助触点，再经 SS 的触点 13-15，引至 L1'-620 上；II 母线的电压互感器 TV2 的二次 U、W 相电压，从其小母线 L1-640 和 L3-640，先经 QS2 的辅助触点，再经过同步开关 SS 的触点 25-27 和 21-23 分别引至 L1-610 和 L3-610 上。准同步装置从同步电压小母线上取得待并系统和系统的同步电压。此种接线 II 母线侧为待并系统，而 I 母线侧为系统。

(2) 双绕组变压器同步电压的引入

图 4-7 (a) 所示为双绕组变压器三相同步电压的引入。对于双绕组升压变压器 TM，当利用低压三角形侧的断路器 QF1 进行并列时，同步电压分别从变压器高、低压侧电压互感器引出。

由于变压器 TM 为 Yd11 接线，因此高压侧和低压侧电压相位相差 $30°$ 角，即三角形侧电压超前星形侧 $30°$ 角。而高、低压侧电压互感器 TV1 和 TV 又都采用 Yy0 接线，电压互感器一、二次侧电压相位相同。TV1、TV 的二次侧的电压相位也相差 $30°$ 角。所以，同步电压不能直接采用电压互感器的二次电压，而必须对相位差加以补偿。补偿是利用转角变压器 TR 来实现的。

常用的转角变压器 TR 的接线，如图 4-7 (b) 所示。TR 的变比为 $100\left/\dfrac{100}{\sqrt{3}}\right.$，绕组采用 Dy1 接线，即星形侧线电压落后三角形侧线电压 $30°$ 角。这种接线方法是将发电机母线电压互感器引来的同步电压 U、W 相分别经同步开关 SS1 的触点 25-27、21-23 接在转角变压器的电压小母线 L1-790、L3-790 上，V 相接 L2-600，转角变压器一次绕组也接在 L1-790、L3-790 和 L2-600 上，这样转角变压器二次侧即可得到与高压侧相位相同的同步电压；转角变压器二次绕组 U、V、W 相分别接在 L1-610、L2-600、L3-610 上。

可见，转角小母线平时无电压，只有在并列操作并需要转角时，才带有同步电压。

变压器 TM 高压侧电压互感器 TV1 的二次电压从其电压小母线 L1-630，经过隔离开关 QS2 辅助触点、同步开关 SS1 触点 13-15 引至同步电压小母线 L1'-620 上。这种接线是把 TM 的星形侧视为系统，三角形侧视为待并系统。

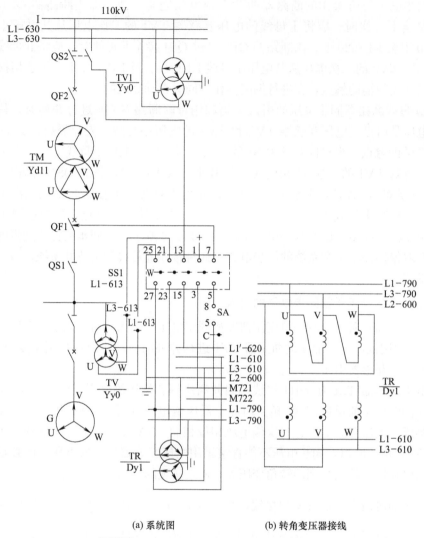

(a) 系统图　　　　　(b) 转角变压器接线

图 4-7　双绕组变压器三相同步电压的引入

　　总之，在三相接线中，除需要设置四条同步电压小母线外，为了在同步并列时消除 Yd11 接线变压器两侧电压相位的不一致，需增设转角变压器及转角小母线。

　　此外，在具有 35kV 和 110kV 电压等级的发电厂和变电站中，可能会出现电压互感器二次侧 V 相接地和中性点接地并存现象。为了实现同步并列，需要增设隔离小母线及隔离变压器，以使中性点直接接地系统的同步电压经隔离小母线及隔离变压器变换为 V 相接地。

4.3.2　单相接线方式同步电压的引入

　　单相接线方式设置三条同步电压小母线，L3′-620、L3-610 和公用接地小母线

L2（N）-600。待并系统的线电压由同步电压小母线 L3-610 和 L2（N）-600 引入同步装置；系统的线电压由同步电压小母线 L3′-620 和 L2（N）-600 引入同步装置。单相接线与三相接线相比，减少一相待并系统电压小母线 L1-610。

(1) 单相接线同步电压引入应满足的要求

① 110kV 及以上中性点直接接地系统，电压互感器主二次绕组一般为星形连接，中性点（N）接地；辅助二次绕组接成开口三角形，同步电压取辅助二次绕组 W 相电压，即待并发电机电压取为 $\dot{U}_{WN}$；系统电压取为 $\dot{U}_{W'N}$，参见表 4-1。

表 4-1　单相接线方式及相量图

同步方式	运行系统	待并系统	说　　明
中性点直接接地系统母线之间	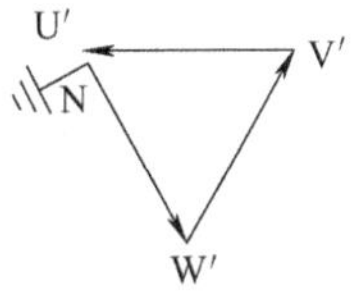	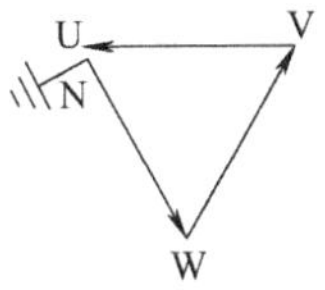	利用电压互感器辅助二次绕组的 W 相电压，即 $\dot{U}_{W'N}$ 和 $\dot{U}_{WN}$
中性点直接接地系统线路之间	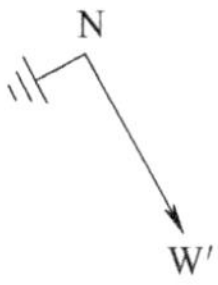	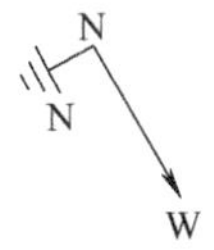	
Yd11 变压器两侧系统	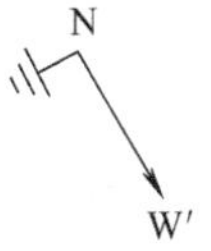	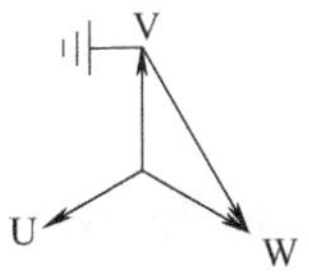	运行系统取电压互感器辅助二次绕组 W 相电压 $\dot{U}_{W'N}$，待并系统（V 相接地）取 $\dot{U}_{WV}$
中性点不直接接地系统	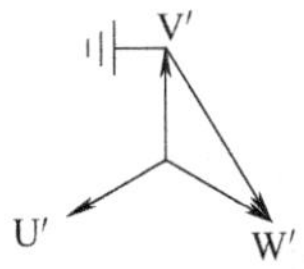	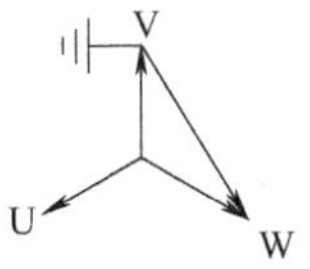	电压互感器二次均为 V 相接地，利用 $\dot{U}_{W'V'}$ 和 $\dot{U}_{WV}$

② 35kV 及以下中性点不直接接地系统，电压互感器主二次绕组采用 V 相接地方式时，同步电压取二次绕组的线电压，即待并发电机电压取为 $\dot{U}_{WV}$；系统电压取为 $\dot{U}_{W'V'}$（或 $\dot{U}_{W'V}$，因为 V 相为公用接地点）。

③ 对于 Yd11 接线的双绕组变压器，变压器低压侧（待并系统）同步电压取其电压互感器（二次 V 相接地）二次绕组的线电压，即取为 $\dot{U}_{WV}$。变压器高压侧（系统）同步电压可与零序功率继电器试验小母线取得一致，即取为 $\dot{U}_{W'N}$。

(2) 发电机出口断路器和母联断路器同步电压的引入

发电机出口断路器与母联断路器同步电压的引入如图 4-8 所示。

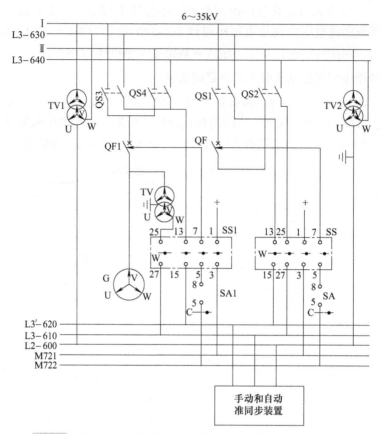

图 4-8 发电机出口断路器和母联断路器单相同步电压的引入

图中，Ⅰ、Ⅱ母线为6～35kV系统，是中性点不直接接地系统，其电压互感器二次绕组均采用V相接地方式。

① 发电机出口断路器同步电压的引入　当发电机出口断路器QF1作为同步点将发电机与系统并列时，待并发电机侧同步电压取电压互感器TV的二次W相电压，经同步开关SS1的触点25-27引至同步电压小母线L3-610上。而系统侧同步电压取母线电压互感器TV1（或TV2）的二次W相电压，先经隔离开关QS3（或QS4）辅助触点，再经同步开关SS1的触点13-15引至同步电压小母线L3'-620上。这样系统和待并发电机的同步电压再经过同步电压小母线引至准同步装置。

② 母联断路器同步电压的引入　当利用母联断路器QF作为同步点并列时，其两侧同步电压是由母线电压互感器TV1和TV2的电压小母线，经隔离开关QS1和QS2的辅助触点及其同步开关SS的触点，引至同步电压小母线上的。即Ⅰ母线的电压互感器TV1的二次W相电压从其小母线L3-630，经QS1的辅助触点及SS的触点13-15，引至L3'-620上；Ⅱ母线的电压互感器TV2的二次W相电压，从其小母线L3-640，经SS的触点25-27，引至L3-610上。此时Ⅱ母线侧为待并系

统，而Ⅰ母线侧为系统。这样系统和待并系统的同步电压再经过同步电压小母线引至准同步装置。

（3）双绕组变压器同步电压的引入

对于具有 Yd11 接线的双绕组变压器 TM，当利用低压三角形侧的断路器 QF1 进行并列时，其同步电压的引入如图 4-9 所示。

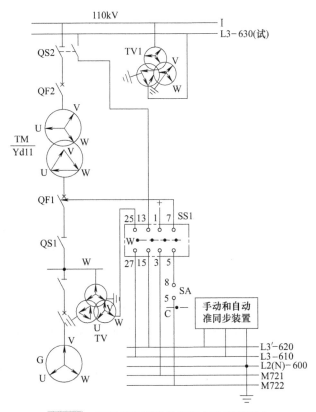

图 4-9 双绕组变压器单相同步电压的引入

图 4-9 中，110kV 母线电压互感器 TV1 为中性点（N）接地，发电机出口电压互感器 TV 为 V 相接地。变压器 TM 低压侧同步电压可以直接取为 TV 二次绕组的 W 和 V 相间电压 $\dot{U}_{WV}$，其 W 相电压经 SS1 触点 25-27 引至同步电压小母线 L3-610 上；而高压侧同步电压，取 TV1 辅助二次绕组 W 相电压 $\dot{U}_{WN}$，其 W 相电压从试验小母线 L3-630（试）引出，经 QS2 的辅助触点及 SS1 的触点 13-15 引至同步电压小母线 L3'-620 上。采用此种接线，变压器低压三角形侧视为待并系统，高压星形侧视为系统。由于采用单相电压接线，图中 TV 为 V 相接地，TV1 为中性点接地，但其电压相位相同，不需要转角变压器，也不需要隔离变压器，接线大大简化，因而在工程设计中经常采用。

4.4 手动准同步并列电路

如果把待并发电机（或系统）的电压、频率和相位角调整到与运行系统相同时，采取手动的方式合上断路器，则把这种操作方式称为手动准同步方式。

手动准同步分集中同步和分散同步两种方式。集中同步方式是把组合式同步表与操作开关装设在集中同步屏上，对任一需要并列机组进行调速（调压）及各同步点的操作均在该屏上进行。分散同步方式为同步表计集中，各同步点的操作开关分别设在各同步点的控制屏上。

4.4.1 组合同步表测量电路

图 4-10 为单相 MZ-10 型组合式同步表测量电路。L3'-620 为系统侧电压小母线，L3-610 为待并发电机侧电压小母线，LN（2）-600 为公用接地小母线；SSM1 为手动准同步开关，型号为 LW2-H-2、2、2、2、2、2、2、2/F7-8X，其触点通断情况见表 4-2；P 为组合式同步表（MZ-10 型单相 100V）；KY 为同步监察继电器（DT-13/200 型）。此测量电路适用于发电机出口断路器、母联断路器及双绕组变压器同步电压的引入。

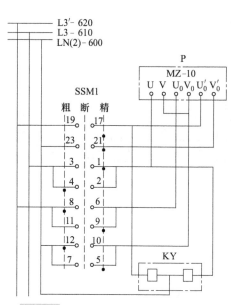

图 4-10　单相组合式同步表测量电路

手动准同步开关 SSM1 有"断开"、"粗略"和"精确"三个位置。平时置"断开"位置，将同步表 P 退出；在进行手动准同步并列之初，将 SSM1 置"粗略"位置，其触点 2-4、6-8、10-12 接通，将同步表 P 中的电压差表 P1 和频率差表 P2 接入到同步电压小母线上。调整发电机的电压和频率，当两侧电压和频率调至满足并列条件时，将 SSM1 置"精确"位置，其触点 1-3、5-7、9-11、17-19、21-23 接通，将同步表 P 中的电压差表 P1 和频率差表 P2 及同步表 P3 都接入到同步电压小母线上。运行人员根据 P3 表的指示值，选择合适的超前相位，发出合闸脉冲，将待并发电机并入系统。

表 4-2　SSM1：LW2-H-2、2、2、2、2、2、2、2/F7-8X 触点表

触点盒形式		2		2		2		2		2		2		2		2
触点号		1-3	2-4	5-7	6-8	9-11	10-12	13-15	14-16	17-19	18-20	21-23	22-24	25-27	26-28	29-31	30-32
手柄位置	断开 ↑	—	—	—	—	—	—	—	—	—	—	—	—	—	—	—	—
	精确 ↗	·	—	·	—	·	—	·	—	·	—	·	—	·	—	·	—
	粗略 ↙	—	·	—	·	—	·	—	·	—	·	—	·	—	·	—	·

4.4.2　待并发电机调速电路

图 4-11 是待并发电机调速电路。M717、M718 为全厂公用自动调速小母线；SM 为集中调速开关（LW4-2/A23 型）；SM1 为调速方式选择开关；SM2 为分散同步调速开关；M 为原动机调速机伺服电动机。调速方式选择开关 SM1 有"集中"和"分散"两个位置。

(1) 集中准同步调速

若在集中同步屏上进行集中调速时，先将 SM1 置于"集中"位置，其触点 2-4、6-8 和 10-12 接通，分散调速开关 SM2 处于"断开"位置，其触点 13-14 和 15-16 接通，将伺服电动机 M 的励磁绕组 L1 和 L2 分别接到自动调速小母线 M717、M718 上。这时在集中同步屏上，操作集中调速开关 SM 就可以调整原动机的转速，实现频率的增减。当 SM 开关置于"增速"位置时，动作回路＋700→SM_{1-2}→M717→$SM1_{2-4}$→$SM2_{13-14}$→伺服电动机 M 的 L1 线圈→伺服电动机 M→$SM1_{10-12}$→－700 接通，伺服电动机 M 正转，使原动机增速；当 SM 开关置于"减速"位置时，动作回路＋700→SM_{3-4}→M718→$SM1_{6-8}$→$SM2_{15-16}$→伺服电动机 M 的 L2 线圈→伺服电动机 M→$SM1_{10-12}$→－700 接通，伺服电动机 M 反转，使原动机减速。

(2) 分散准同步调速

若在发电机控制屏上进行分散调速时，应将调速方式选择开关 SM1 置于"分散"位置，其触点 2-4 和 6-8 断开。这时在待并发电机控制屏上操作分散调速开关 SM2，就可以调整原动机的转速。当

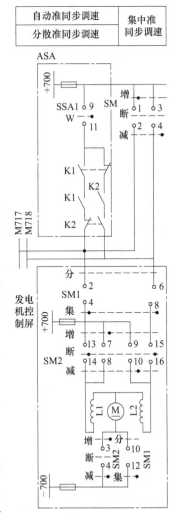

图 4-11　待并发电机调速电路

SM2 开关置于"增速"位置时，动作回路＋700→SM2$_{7\text{-}8}$→伺服电动机 M 的 L1 线圈→伺服电动机 M→SM2$_{3\text{-}4}$→－700 接通，伺服电动机 M 正转，使原动机增速；当 SM2 开关置于"减速"位置时，动作回路＋700→SM2$_{9\text{-}10}$→伺服电动机 M 的 L2 线圈→伺服电动机 M→SM2$_{3\text{-}4}$→－700 接通，则伺服电动机 M 反转，使原动机减速。

当进行分散调速时，由于 SM2 的触点 13-14 和 15-16 断开，就闭锁了集中同步屏上的调速回路，使集中调速无法进行。

4.4.3 同步闭锁电路

在手动准同步并列操作过程中，为了防止运行人员误操作而造成非同步并列事故，同步系统一般采取以下措施。

(1) 同步点断路器之间应相互闭锁

为了避免同步电压回路混乱而引起异步并列，在并列操作时，同步电压小母线只能存在待并断路器两侧的同步电压。为此，每个同步点的断路器均单独装有一个同步开关，并公用一个可抽出的手柄，此手柄只有在"断开"位置时才能抽出。以保证在同一时间内，只允许对一台同步点断路器进行并列操作。

(2) 同步装置之间应相互闭锁

发电厂或变电站可能装有两套及以上不同原理构成的同步装置。为了保证在同一个时间内只投入一套同步装置，一般通过同步选择开关（即手动准同步开关 SSM1）、自动准同步开关 SSA1 和自同步开关 SSA2 来实现，并公用一个可抽出的手柄。

(3) 手动调频（或调压）与自动调频（或调压）回路

① 在待并发电机控制屏上手动调频（或调压）时，应切除集中同步屏上的手动调频（或调压）回路。

② 手动调频（或调压）时，应切除自动调频（或调压）回路。

③ 自动调频（或调压）装置和集中同步屏上的手动调频（或调压）装置，每次只允许对一台发电机进行调频（或调压）。

(4) 同步闭锁装置

在手动准同步并列操作过程中，为了防止运行人员在不允许的相角差下误合闸，同步系统一般装设同步监察继电器 KY 构成的非同步闭锁装置。同步闭锁装置的接线如图 4-12 所示。

同步监察继电器平时不工作，SSM1 处于"断开"位置，只有在手动准同步时将 SSM1 置于"精确"位置，KY 才接于运行系统电压$\dot{U}_{\mathrm{W'V}}$（或$\dot{U}_{\mathrm{U'V}}$）和待并系统电压$\dot{U}_{\mathrm{WV}}$（或$\dot{U}_{\mathrm{UV}}$）上。全厂（站）公用一只同期监察继电器。

在同步合闸小母线 M721 和 M722 之间串接同步监察继电器 KY 的动断触点。当运行系统与待并发电机两侧电压的相角差大于 KY 的动作整定值时，KY 继电器动作，其动断触点断开，禁止发出合闸脉冲（即闭锁了同步操作），以免断路器在两侧的相位差大于允许值时误合闸。

同步监察继电器 KY 是经手动准同步开关 SSM1 控制，只有在手动准同步开关 SSM1 置于"精确"同步位置时，手动准同步回路才经 SSM1 的触点 19-17 投入。为了在单侧电源的情况下解除闭锁回路，在 KY 动断触点两端并联接入解除手动准同步开关 SSM 的触点 1-3，在单侧电源合闸，无同步问题，需要用 SSM 的触点 1-3 将 KY 的动断触点短接，发出合闸脉冲。这是因为在单侧电源情况下，KY 一直处于动作状态。

4.4.4　同步点断路器的合闸回路

图 4-13 所示为同步点断路器合闸控制回路，M721、M722、M723 为全厂（站）公用同步合闸小母线；SSM 为解除手动准同步开关（LW2-H-1，1/F7-X）；SB 为集中同步合闸按钮（LA2-20 型）。

手动准同步并列分为分散手动准同步并列和集中手动准同步并列两种。

同步合闸小母线	准同步合闸脉冲	自同步合闸脉冲	断路器控制回路

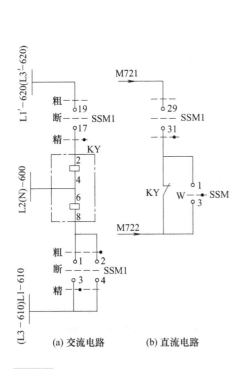

(a) 交流电路　　　(b) 直流电路

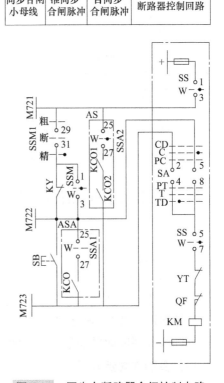

图 4-12　同步监察继电器的交、直流电路　　　**图 4-13**　同步点断路器合闸控制电路

(1) 集中手动准同步并列

选择好同步点断路器，将该断路器对应的同步开关 SS 置于"投入（W）"位置时，其触点 1-3 接通，合闸小母线 M721 从控制母线正极取得正的操作电源。当待并系统的电压差、频率差满足并列要求时，将手动准同步开关 SSM1 从"粗略"切换到"精确"位置，触点 29-31 接通，当同步监察继电器 KY 处于返回状态时，其动合触点在闭合的位置，合闸小母线 M722 即取得正的操作电源。若采用集中手动准同步并列，由于断路器控制开关 SA 处在"跳闸后"位置，2-4 触点接通，按下集中同步合闸按钮 SB，则回路 + → SS$_{1-3}$ → M721 → SSM1$_{29-31}$ → KY → M722 → SB → M723 → SA$_{2-4}$ → SS$_{5-7}$ → YT → QF 动断触点 → KM → − 接通，合闸接触器 KM 带电，启动合闸线圈使断路器合闸。

(2) 分散手动准同步并列

选择好同步点断路器，合上与此断路器相关的隔离开关，如果自动准同步开关 SSA1、自同步开关 SSA2、解除手动准同步开关 SSM 及 SSM1 开关在断开位置，将该断路器对应的同步开关 SS 置于"投入（W）"位置时，其触点 1-3 接通，合闸小母线 M721 从控制母线正极取得正的操作电源。将手动准同步开关 SSM1 置于"粗略"位置，观察 P1、P2 表，判别压差、频差是否满足并列条件。若不满足条件，在待并发电机控制屏上调压、调速。当压差、频差满足并列要求时，停止调整。将 SSM1 置于"精确"位置，当同步监察继电器 KY 处于返回状态时，其动断触点在闭合的位置，合闸小母线 M722 即取得正的操作电源。根据同步表 P3 的指示，选择合适的超前相角，运行人员将控制开关 SA 置于"合闸"位置，则 SA 侧触点 5-8 接通，则回路 + → SS$_{1-3}$ → M721 → SSM1$_{29-31}$ → KY → M722 → SA$_{5-8}$ → SS$_{5-7}$ → YT → QF → KM → − 接通，合闸接触器 KM 带电，启动合闸线圈使断路器合闸。

断路器合闸成功后，红灯闪光，运行人员将控制开关 SA 置于"合闸后位置"，红灯变为发平光。再将 SS、SSM1 置于"断开"位置。

4.5 同步合闸的断路器控制回路

发电厂和变电站同步点断路器，需要在同步条件下才能进行合闸，其合闸控制回路与一般断路器的合闸控制回路有所不同。图 4-13 中标出手动准同步、自动准同步（ASA）和自同步（AS）三种同步方式的合闸控制回路，不论采用哪一种同步方式，同步点（断路器）的合闸控制回路都经过同步开关 SS 的触点加以控制，即当断路器同步开关 SS 在"投入"位置，其触点 1-3 和 5-7 接通时，才允许合闸。手动准同步并列前面已经介绍，下面介绍自动准同步并列和自同步并列。

(1) 自动准同步并列

首先断开自同步开关 SSA2，并将自动准同步开关 SSA1 置于"投入"，其触点

25-27 接通；当解除手动准同步开关 SSM 投入（或在 KY 返回）时，M722 合闸母线取得正的操作电源，在控制开关处于"跳闸后"位置，其触点 2-4 接通时，当自动准同步装置 ASA 出口继电器 KCO 动作时，就自动地发出合闸脉冲，实现断路器自动合闸。

(2) 自同步并列

在 SS "投入"时，其触点 1-3、5-7 接通；SA 处于"跳闸后"位置，触点 2-4 接通；将自同步开关 SSA2 置"投入"位置，其触点 25-27 接通，当自同步装置出口中间继电器 KCO1、KCO2 触点闭合时，发出合闸脉冲，实现断路器自动合闸。因为自同步并列前，待并发电机未加励磁，因此还能经过同步闭锁回路（KY 触点回路）。

自动准同步和自同步并列时，当合闸成功后红灯闪光，运行人员将控制开关 SA 置于"合闸后"位置，使控制开关 SA 与断路器位置相对应，闪光停止变为平光。

第5章
断路器的控制与信号回路

5.1 概述

断路器是指能够关合、承载和开断正常回路条件下的电流并能关合、在规定的时间内承载和开断异常回路条件下的电流的开关装置。断路器是发电厂和变电站重要的开关设备，在系统正常运行时对倒换运行方式起着控制作用，即把设备或线路接入电网或退出运行；当设备或线路发生故障时能快速切除故障回路，保证无故障部分正常运行，起着保护作用。因此，断路器的控制对电力系统的可靠运行至关重要。

对断路器的控制就是运行人员通过控制开关发出要求断路器跳闸或合闸的操作命令，经中间环节将命令传送给断路器的操作机构，使断路器跳闸或合闸。

断路器控制回路的构成包括发出命令的控制开关、传送命令的传送机构（如继电器、接触器等）以及执行命令的操作机构。

5.1.1 断路器的操作机构

断路器的操作机构是断路器自身附带的跳、合闸传动装置，用来完成断路器分合闸操作，并能够使断路器保持在合闸位置。在操作机构中均设有合闸机构、维持机构和跳闸机构。操作机构有以下几种类型。

① 电磁操作机构（CD） 电磁操作机构完全依靠合闸电流流过合闸线圈产生的电磁吸力来合闸，同时压紧跳闸弹簧，跳闸时主要依靠跳闸弹簧来提供能量。电磁操作机构跳闸电流较小，但合闸电流非常大，可达几十安至数百安。因此变电站直流系统要分别设置合闸母线和控制母线。合闸母线提供合闸电源，控制母线给控制回路供电。由于电磁操作机构合闸电流非常大，所以不能利用控制开关直接接通合闸线圈，而是先接通合闸接触器，利用合闸接触器的触点去接通合闸线圈。跳闸回路可利用控制开关直接接通跳闸线圈。

电磁操作机构的电压一般为 110V 或 220V，由两个电压线圈组成，当两个线圈串联时，适用于 220V；当两个线圈并联时，适用于 110V。国产直流电磁操作机构有 CD1～CD5、CD8、CD11、CD15 等型号。

② 弹簧操作机构（CT）　利用机构中弹簧被压缩或被拉伸而储存的弹性势能，使高压断路器合闸的操动机构，合闸过程中释放合闸弹簧能量，同时使分闸弹簧储存能量，合闸后合闸弹簧开始储能。因合闸电流小，合闸回路可以用控制开关触点接通，CT7、CT8 型等弹簧操作机构可供 SN10 系列的少油断路器使用；CT6 型弹簧操作机构供 SW4 系列的少油断路器使用。

③ 液压操作机构（CY）　是利用油泵压缩液压油，利用油压传递将氮气压缩，储存能量，一旦跳合闸线圈动作，能量释放，完成断路器分合闸的操作机构。由于合闸电流小，合闸回路可直接用控制开关触点接通。广泛适用于 110kV 及以上的少油及 SF₆ 断路器。

④ 气动操作机构（CQ）　是以压缩空气为能源推动活塞实现分、合闸操作的机构。合闸电流小，合闸回路可直接用控制开关触点接通。由于需配备空气压缩设备，所以，只应用于空气断路器上，500kV 的 SF₆ 断路器也有采用这种操作机构的。

5.1.2　断路器的控制类型

断路器的控制类型有如下几种。

① 按自动化程度分为手动控制和自动控制。

② 按控制地点可分为就地控制和集中控制。

a. 就地控制。就是将控制开关装设在断路器间隔的门面板或开关柜的正面门上，或将控制开关布置在靠近断路器的操作屏上，装在配电装置断路器间隔对面墙上，视具体情况而定。

b. 集中控制。是在控制室的控制屏（台）上装设发出跳、合闸命令的控制开关和按钮，通过断路器的跳、合闸线圈来驱动操作机构。控制开关与操作机构之间通过控制电缆连通。

③ 按操作电源性质分：直流操作、交流操作和整流操作三种类型。交流操作通常是由电压互感器或所用变压器及电流互感器直接供给控制、保护及跳、合闸回路的驱动电流；整流操作是将电压互感器或所用变压器供给的交流电，经过整流滤波变为直流和电容储能装置组成操作电源，称为电容储能直流系统。以上两种类型主要用于小型变电所及工业企业供配电变电所。直流操作电源主要是采用蓄电池供电的操作电源。

④ 按操作电源电压和电流的大小分为强电控制（110V 或 220V）和弱电控制（48V 及以下）。

5.2 断路器的控制信号回路

5.2.1 断路器控制回路总的要求

① 断路器控制回路需满足下列要求。

a. 能监视电源跳、合闸回路的完整性。当断路器跳、合闸线圈接线或参数等原因使之监视困难时，也可不监视，但对直流电源的完整性应当监视。

b. 应能指示断路器合闸与跳闸的位置状态，自动合闸或跳闸时应有明显信号。

c. 有防止断路器"跳跃"的电气闭锁装置。

d. 合闸和跳闸完成后应使命令脉冲自动解除。

e. 接线应简单可靠，使用电缆芯数最少。

② 断路器采用灯光监视控制回路时，一般为双灯制接线。断路器在合闸位置时红灯亮，在跳闸位置时绿灯亮。

③ 在主控制室内控制的断路器，当采用音响监视控制回路时，一般为单灯制接线，断路器控制回路用中间继电器监视。断路器合闸或跳闸位置由控制开关手柄来表示，控制开关手柄内应有信号灯。

④ 在配电装置就地操作的断路器，一般只装设监视跳闸回路的位置继电器，用红、绿灯作位置指示灯，正常暗灯运行。事故时，绿灯闪光，并向控制室或驻所值班时发出声、光信号。

⑤ 断路器的"防跳"回路，通常采用电流启动电压自保持的"防跳"接线。

a. 由电流启动的防跳继电器的动作时间，不应大于跳闸脉冲发出至断路器辅助触点切断跳闸回路的时间。

b. 一般防跳继电器的常开触点，对跳闸脉冲予以自保持。当保护跳闸回路串有信号继电器时，该防跳继电器触点应串接其电流自保持线圈。当选用的防跳继电器无电流自保持线圈时，亦可接适当电阻代替，电阻值应保证并联的保护出口信号继电器能可靠动作。

⑥ 具有分相操作机构的断路器，当用于变压器、母线联络、母线分段、并联电抗器、串补装置并联断路器时，一般均采用三相联动控制。

⑦ 采用液压或空气操动机构的断路器，当压力降低至规定值时，应相应闭锁重合闸、合闸及跳闸回路，对采用液压操动机构的断路器，一般不采用压力降低至规定值后自动跳闸的接线。采用弹簧操动机构的断路器应有弹簧拉紧与否的闭锁。

⑧ 对具有电流或电压自保持的继电器，如防跳继电器等，在接线中应标明极性。

⑨ 为防止隔离开关误操作，隔离开关和其相应的断路器之间应装设机械的或电磁的闭锁装置。

5.2.2　控制开关

控制开关是运行人员对断路器进行手动跳、合闸操作的控制装置，又称为转换开关，用"SA"表示。发电厂和变电所中实现强电一对一控制常用的控制开关：一种是跳、合闸操作都分两步进行，手柄有两个固定位置和两个操作位置的 LW2 系列控制开关，由它构成的控制、信号接线能直接反映运行、事故和操作过程各种状态，便于分析各种工况，多用于主设备的断路器控制回路；另一种是操作只需一步进行，手柄有一个固定位置和两个操作位置的 LW5 系列控制开关，由它构成的控制、信号接线也能反映运行和事故的各种工况，虽然没有 LW2 那样清晰，但操作较简单，多用于厂用电动机系统的断路器控制回路。

控制开关的种类很多，这里主要对 LW2 系列控制开关的型式、结构、开关图表和图形符号进行介绍，其他开关的分析可以参考 LW2 系列开关。

(1) LW2 系列控制开关的型式

LW2 系列控制开关的型式有多种，其特点和适用范围如下。

① LW2-Z 型　带自动复位及定位，适用于灯光监视的断路器及接触器的控制回路。

② LW2-YZ 型　带自动复位及定位，操作手柄内有信号灯，适用于音响监视的断路器及接触器的控制回路。

③ LW2-W 型　带自动复位，适用于断路器及接触器的控制回路。

④ LW2-Y 型　带定位及信号灯，适用于直流系统中，用来监视熔断器。

⑤ LW2-H 型　带定位及可取出手柄，适用于同步回路中，用来相互闭锁。

⑥ LW2 型　带定位，适用于一般的切换电路中。

(2) LW2 型控制开关的结构

图 5-1 所示为 LW2 型控制开关的结构，图 5-1（a）为开关侧视图，图 5-1（b）为开关正视图。开关的正面是面板和操作手柄，安装于屏前，面板有两种：一种是方形，用"F"表示，另一种是圆形，用"O"表示，本图中的面板为方形。手柄有 9 种，分别用数字 1～9 表示。与手柄固定连接的转轴上装有数节触点盒，用螺杆相连安装于屏后。在每节方形触点盒的四角均匀固定着四个静触点，其外端与外电路相连，内端与固定于转轴上的动触点簧片相配合。根据动触点的凸轮与簧片的形状及安装位置的不同，构成不同型式的触点盒。LW2 型控制开关的触点盒是封闭的，每个控制开关上所装的触点盒的节数及型式可根据控制回路的需要进行组合，所以 LW2 型控制开关又叫万能转换开关。

(3) LW2 型控制开关的触点位置表

下面主要对 LW2-Z 和 LW2-YZ 型控制开关的触点盒及触点图表作一介绍。这两种开关有 14 种型式的触点盒，代号分别为 1、1a、2、4、5、6、6a、7、8、10、

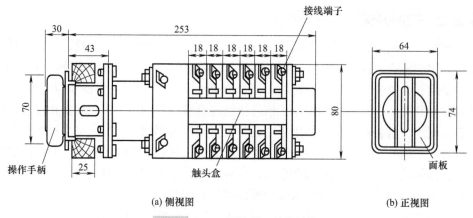

(a) 侧视图   (b) 正视图

图 5-1 LW2 型控制开关的结构

20、30、40、50。如表 5-1 所示，触点盒内的动触点有两种类型：一种是触点片紧固在轴上，随轴一次转动，触点盒 1、1a、2、4、5、6、6a、7、8 中的动触点属于此种类型；另一种是触点片与轴有一定角度的相对运动（自由行程），这种类型的触点当手柄转动角度在其自由行程以内时，可以保持在原来位置不动，10、40、50型触点盒中的动触点在轴上有 45°的自由行程，20 型触点盒中的动触点有 90°自由行程，30 型触点盒中的动触点有 135°的自由行程。有自由行程的触点其断流能力较小，仅适用于信号回路。

表 5-1　LW2-Z 型和 LW2-YZ 型开关中各型触点盒的触点随手柄转动的位置表

手柄位置 \ 触点盒型式	灯	1 1a	2	4	5	6	6a	7	8	10	20	30	40	50
⊖ ←														
⊡ ↑														
⊘ ↗														
⊡ ↑														
⊖ ←														
⊘ ↙														

自动开关前视触点号顺序为 ⊙2 ⊙1 ⊙3 ⊙4

（4）LW2 型控制开关的触点图表及图形符号

为了解控制开关触点盒内各触点的通断情况，常列出各型开关的触点图表。表 5-2 所示为 LW2-Z-1a、4、6a、40、20、20/F8 型开关的触点图表。其中 LW2-Z 为开关型号；1a、4、6a、40、20、20 为开关上由手柄向后依次排列的触点盒的型号；F 表示面板为方形；8 为 1～9 种手柄的一种。

表 5-2　LW2-Z-1a、4、6a、40、20、20/F8 型控制开关触点图表

在"跳闸后位置"的"手柄(正面)的样式和触点盒(背面)的接线图	合跳	2 1 3 4	6 5 8 7	9 12 10 11	13 16 14 15	18 17 19 20	22 21 23 24
手柄和触点盒型式	F8	1a	4	6a	40	20	20
位置　触点号	—	1-3　2-4	5-8　6-7	9-10　9-12　11-10	14-13　14-15　16-13	19-17　17-18　18-20	21-23　21-22　22-24
跳闸后	—	—　•	—　•	—　—　•	—　—　•	—　—　•	—　—　•
预备合闸	—	•　—	—　—	—　•　—	—　•　—	—　•　—	—　•　—
合闸	—	—　—	•　—	•　—　—	•　—　—	•　—　—	•　—　—
合闸后	—	•　—	—　—	—　•　—	—　•　—	—　•　—	—　•　—
预备跳闸	—	—　—	—　•	—　•　—	—　•　—	—　•　—	—　•　—
跳闸	—	—　—	•　—	•　—　—	•　—　—	•　—　—	•　—　—

表 5-2 中，左列手柄的六种位置为屏前视图，而向右的触点位置状态则为从屏后视的情况，即当手柄顺时针方向转动时，触点盒中的可动触点为逆时针方向转动。"•"号表示触点接通，"—"号表示触点断开。

从表 5-2 可以看出，LW2-Z 型控制开关的手柄有六个位置，分别为"预备合闸"、"合闸"、"合闸后"、"预备跳闸"、"跳闸"、"跳闸后"。六个位置分属于两个固定位置和四个操作（过渡）位置。其固定位置：垂直位置是合闸后；水平位置是跳闸后。其操作位置：预备合闸位置，由跳闸后位置顺时针旋转 90° 至预备合闸位置；合闸位置，由预备合闸（垂直位）顺时针旋转 45° 至合闸位；预备跳闸位置，由合闸后位置逆时针旋转 90° 至预备跳闸位置；跳闸位置，由预备跳闸（水平位）逆时针旋转 45° 至跳闸位。

在发电厂和变电站工程图中，控制开关 SA 触点的通断情况常用图形符号表示。图 5-2 所示为 LW2-Z-1a、4、6a、40、20/F8 型控制开关的图形符号。图中 6 条垂直虚线表示控制开关手柄的 6 个不同的操作位置：C—合闸、PC—预备合闸、CD—合闸后；T—跳闸、PT—预备跳闸、TD—跳闸后。水平线表示端子引线，中间 1-3、2-4 等表示端子号，靠近水平线下方的黑点表示对应该对触点在

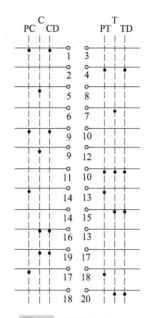

图 5-2 LW2-Z-1a、4、6a、40、20/F8 型触点通断的图形符号

此位置时是接通的。实际工程图中，一般只将其有关部分画出。

(5) 控制开关的应用

以 LW2-YZ-1a、4、6a、40、20、20/F1 型控制开关为例介绍控制开关的操作方法。

① 合闸操作　手柄原位于水平"跳闸后"位置，现欲进行合闸操作，首先将手柄顺时针转至垂直"预备合闸"位置，然后再顺时针旋转至 45°至"合闸"位置，此时由表 5-2 触点图可见，第二节触点盒（4 型）的 5-8 触点接通断路器合闸回路，发出合闸脉冲，使断路器进行合闸。当合闸操作完成后，松开手柄，手柄在复位弹簧的作用下自动返回到垂直位置，但此时合闸命令已发出，所以是"合闸后"位置。注意：从表面看，预备合闸和合闸后手柄处在同一固定位置上，但从触点图上可以看出，对于具有自由行程的 40、20 两触点盒，其通断情况已发生了变化，因为在进行合闸操作时，它们的动触点随轴转动，但手柄自动返回时，动触点仍留在原合闸位置上并不返回。

② 跳闸操作　手柄原在垂直"合闸后"位置，首先将开关手柄逆时针转至水平"预备跳闸"位置，然后再逆时针旋转 45°至"跳闸"位置，此时由表 5-2 可见，第二节触点盒内 6-7 触点接通，发出"跳闸"脉冲，使断路器进行跳闸。当跳闸操作完成后，松开手柄，手柄在弹簧的作用下自动返回到水平位置，此时跳闸命令已发出，是"跳闸后"位置，40、20 两触点通断情况已发生变化。

由以上合闸和跳闸操作过程可见，两个操作都加入了"预备"过程而将一个操作动作分成两步进行，这对防止误操作起到重要的预防作用。

5.2.3 断路器的基本控制回路

在发电厂和变电站的控制中，有多种成熟的基本控制回路，这些典型的控制回路可独立地运行，也可互相组合构成复杂的控制回路。

图 5-3 所示为断路器的基本跳、合闸回路。图中上下横线是正负控制电源小母

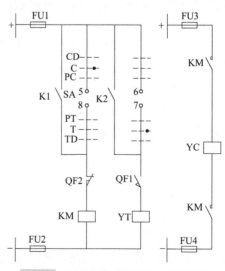

图 5-3　断路器的基本跳、合闸电路

线的引出线，SA 是控制开关，由表 5-2 可知，其 5-8 触点在"合闸"操作瞬间接通，6-7 触点在"跳闸"操作瞬间接通。K1 是自动装置的动合触点，自动装置动作则动合触点闭合。K2 是保护出口继电器的动合触点，继电保护装置动作则动合触点闭合。QF 为断路器辅助触点，QF1 为动合触点，其通断状态与断路器主触头一致，即断路器在合闸位置时它是接通的，在跳闸位置时它是断开的。QF2 是动断触点，其通断状态与其主触头正好相反。KM 为合闸接触器，当线圈通电时产生电磁力使触点进行切换，动合触点闭合。YT 为断路器的跳闸线圈；YC 为断路器的合闸线圈，YC 通电则断路器进行合闸。＋、－为控制电源正负小母线，一般接于 110kV 或 220kV 直流电源上。右边的＋、－为合闸电源正负小母线；因合闸电流较大（一般在 100A 至数千安培），所以与控制电源分开，采用专设的大容量合闸电源。

工作原理如下。

① 合闸操作　手动合闸是将 SA 打至"合闸"位置，此时其 5-8 触点接通，而断路器在跳闸位置其动断辅助触点 QF2 是接通的，所以 KM 线圈通电，其动合触点接通，断路器合闸线圈 YC 通电，断路器合闸。当合闸操作完成后，断路器辅助触点自动切换，断路器动断辅助触点 QF2 断开，KM 断电，其两个动合触点即自行断开，切断合闸线圈 YC 电流。KM 两个动合触点的串接是为了增大其断弧能力。断路器的动合触点 QF1 接通，准备好跳闸回路。自动合闸是由自动装置的触点 K1 短接 SA 的 5-8 触点来实现的。

② 跳闸操作　手动将 SA 打至"跳闸"位，此时其 6-7 触点接通，而断路器在合闸位，其动合辅助触点 QF1 是接通的，所以 YT 通电，断路器进行跳闸。当跳闸操作完成后，其辅助触点自动切换，断路器的动断辅助触点 QF2 接通，准备好合闸回路；断路器动合辅助触点 QF1 断开，切断跳闸线圈 YT 电流。自动跳闸是由保护装置出口继电器 K2 触点短接 SA 的 6-7 触点来实现的。

5.2.4　断路器的防跳回路

如图 5-3 所示，如果手动合闸后 SA 手柄尚未松开（5-8 触点仍在接通状态）或自动装置的合闸出口继电器 K1 的触点烧结，而此时一次系统又发生永久性故障，则保护装置动作，保护跳闸出口继电器 K2 触点闭合，YT 带电使断路器 QF 跳闸，断路器 QF 断开后，其辅助触点 QF1 断开，QF2 闭合，则交流接触器 KM 线圈又带电，使断路器再次合闸。由于断路器又合闸于故障设备上，保护装置又动作使断路器 QF 跳闸，断路器的这种多次"跳-合"现象称为"跳跃"。断路器"跳跃"势必造成绝缘下降，严重时会引起断路器发生爆炸事故，危及人身和设备的安全，甚至引起系统瓦解。所谓"防跳"就是采取措施以防止"跳跃"现象的发生。

防跳的措施有机械防跳和电气防跳。机械防跳指操作机构本身的防跳性能，对于 6～10kV 断路器，可采用有机械防跳性能的 CD2 型操作机构，电气防跳是指不论断路器操作机构本身是否带有机械闭锁，均在断路器控制回路中加装电气防跳电路。常用的电气防跳电路有利用防跳中间继电器防跳和利用跳闸线圈辅助触点防跳两种。由于利用跳闸线圈辅助触点构成的防跳电路跳闸线圈会长时间通电，因此这种方法在应用上受到了一定程度的限制。这里只介绍利用防跳继电器构成的电气防跳电路。

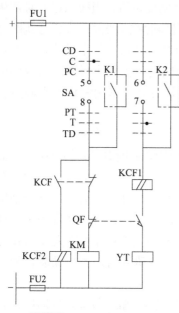

图 5-4 由防跳继电器构成的电气防跳电路

图 5-4 所示为加装中间继电器的断路器控制回路，它广泛应用于 35kV 及以上电压的断路器控制。与图 5-3 相比较，图 5-4 增加了一个中间继电器 KCF。KCF 为跳跃闭锁继电器，它有两个线圈，一个是电流启动线圈 KCF1，串联于跳闸回路中，要求其灵敏度较高（高于跳闸线圈），以保证在跳闸操作时该电流线圈能可靠启动。另一个是电压（自保持）线圈 KCF2，与自身的动合触点串联，再与 KM 回路并联。在合闸回路中还串接了一个 KCF 的动断触点。

工作原理如下。

当手动或自动合闸后，控制开关 SA 的 5-8 触点未复归或自动装置 K1 触点烧结，若此时发生永久性故障，则继电保护装置动作，K2 触点闭合，经 KCF1 的电流线圈、断路器动合触点使 YT 线圈通电断路器跳闸；同时 KCF1 电流线圈启动，其动合触点闭合，使其经电压线圈 KCF2 自保持，同时 KCF 的动断触点断开，可靠地切断 KM 线圈回路。此时即使 SA 的 5-8 触点接通，KM 也不会通电，防止了断路器跳跃的发生。只有合闸命令解除（SA 的 5-8 断开或 K1 断开），KCF2 电压线圈断电，才能恢复至正常状态。跳跃闭锁继电器 KCF 常装于控制室内保护屏上，也有的装于断路器的操作箱内。

5.2.5 断路器的位置指示回路

断路器的位置应有明确的指示信号，一般用信号灯表示，其形式分双灯制和单灯制两种。单灯制用于音响监视的断路器控制回路中，双灯制用于灯光监视的断路器控制回路中。

(1) 双灯制控制回路

断路器双灯制位置信号电路如图 5-5 所示。双灯制采用的控制开关为 LW2-Z型。用红灯（RD）表示断路器处于合闸状态，用绿灯（GN）表示断路器处于跳闸状态。红、绿灯是利用与断路器传动轴一起联动的辅助触点进行切换的。为了区分断路器是手动还是自动合闸或跳闸，通常采用平光和闪光的方式加以区分：平光（红光、绿光）表示手动合闸或跳闸；闪光（红光、绿光）表示自动合闸或跳闸。M100（＋）为闪光电源小母线。

工作原理如下。

① 合闸信号

a. 手动合闸。如果操作控制开关 SA 使断路器合闸后，SA 在"合闸后"位置，触点 9-10 和 16-13 接通，此时断路器在合闸状态，其动合触点 QF 闭合，动断触点 QF 断开，所以只有 16-13 通电，电流的路径为（＋）→SA$_{16\text{-}13}$→RD→QF→（－），红灯（RD）接至控制电源小母线，红灯发平光，表示断路器手动合闸。

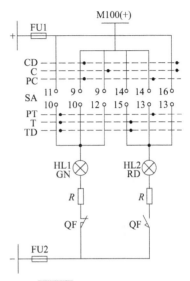

图 5-5　断路器双灯制位置信号电路

b. 自动合闸。若断路器断开，控制开关在"跳闸后"位置，SA 的 11-10 和 14-15 触点接通，而此时若自动装置使断路器自动合闸，则断路器与 SA 的位置不对应，断路器自动合闸后其动合辅助触点 QF 闭合，动断辅助触点 QF 断开，电流的路径为 M100（＋）→SA$_{14\text{-}15}$→RD→QF→（－），红灯接至闪光小母线，红灯闪光，表明断路器自动合闸。

c. 红灯闪光解除。运行人员将 SA 打至"合闸后"位置（16-13 通），SA 与断路器位置相对应，红灯又发平光。

② 跳闸信号

a. 手动跳闸。如果操作控制开关 SA 使断路器跳闸后，SA 至"跳闸后"位置时，其触点 11-10 和 14-15 接通，此时断路器处于跳闸状态，其动合辅助触点 QF 断开，动断辅助触点 QF 闭合，所以只有 11-10 通电，电流的路径为（＋）→SA$_{11\text{-}10}$→GN→QF→（－），使绿灯（GN）接通控制电源小母线，绿灯发平光，表示断路器手动跳闸。

b. 自动跳闸。若一次系统故障使断路器跳闸，断路器跳闸后，其动合辅助触点断开，动断辅助触点闭合，而 SA 处于"合闸后"位置，其 9-10 和 16-13 触点接通，此时电流的路径为 M100（＋）→SA$_{9\text{-}10}$→GN→QF→（－），绿灯（GN）接至闪光小母线 M100（＋），绿灯闪光，表示断路器自动跳闸。

c. 绿灯闪光解除。运行人员将 SA 打至"跳闸后"位置，11-10 触点通，9-10 触点断开，与断路器位置相对应，绿灯又发平光。

(2) 单灯制控制回路

图 5-6 所示为断路器单灯制位置信号电路。单灯制采用的控制开关为 LW2-YZ

型，只有一个信号灯装于控制开关的手柄内。断路器的位置由装于控制开关操作手柄内的指示灯来指示。KCC 为合闸位置继电器动合触点，KCT 为跳闸位置继电器动合触点。单灯制中断路器的手动或自动跳、合闸也用平光和闪光的方法加以区分。

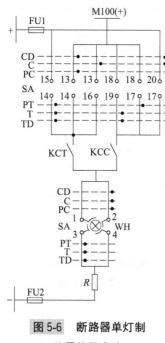

**图 5-6　断路器单灯制
位置信号电路**

工作原理如下。

① 合闸信号

a. 手动合闸。手动合闸后，SA 在"合闸后"位置，其触点 2-4、20-17 接通，此时合闸位置继电器的动合触点 KCC 闭合，白色信号灯 WH 接通控制电源小母线发平光，表示断路器手动合闸。

b. 自动合闸。若自动装置使断路器自动合闸，而控制开关 SA 在"跳闸后"位置，SA 的 1-3 和 18-19 触点接通，而此时合闸位置继电器 KCC 的动合触点闭合，白色信号灯 WH 接通闪光电源小母线发闪光，表示断路器自动合闸。

c. 闪光解除。运行人员将 SA 打至"合闸后"位置，其触点 2-4 和 20-17 接通，SA 与断路器位置相对应，白灯又发平光。

② 跳闸信号

a. 手动跳闸。手动跳闸后 SA 至"跳闸后"位置时，其触点 1-3 和 15-14 接通，此时跳闸位置继电器的动合触点 KCT 闭合，白色信号灯 WH 接通控制电源小母线发平光，表示断路器手动跳闸。

b. 自动跳闸。若一次系统故障使断路器跳闸，而控制开关 SA 处于"合闸后"位置，其 2-4 和 13-14 触点接通，而此时跳闸位置继电器 KCT 的动合触点闭合，白色信号灯 WH 接通闪光电源小母线发闪光，表示断路器自动跳闸。

c. 闪光解除。运行人员将 SA 打至"跳闸后"位置，其触点 1-3 和 15-14 接通，与断路器位置相对应，白灯又发平光。

5.2.6　事故音响信号启动回路

断路器自动跳闸时，不仅指示灯要发出闪光，而且还要求发出事故音响信号（蜂鸣器）。以便于引起运行人员的注意，及时对事故进行处理。事故音响启动回路也是利用断路器与控制开关位置不对应原则实现的，全厂共享一套。常用的事故音响启动回路有三种形式：①利用断路器辅助触点启动；②利用跳闸位置继电器启动；③利用三相断路器辅助触点并联启动。电路如图 5-7 所示。

下面介绍利用断路器辅助触点启动的事故音响启动回路的工作原理。

图 5-7 （a）所示为利用断路器辅助触点启动的电路，图中，M708 为事故音响小母线，－700 为信号母线负电源。如果一次系统发生故障使断路器自动跳闸，图中的断路器辅助触点 QF 随断路器的断开而闭合，而由于控制开关 SA 仍处于"合闸后"位置，其触点 1-3 和 19-17 接通，则事故音响小母线 M708 与信号小母线－700 接通，即可启动事故音响信号，蜂鸣器发出音响。

在手动合闸操作过程中，当控制开关转到"预备合闸"和"合闸"位置瞬间，由于断路器位置与控制开关位置的不对应可能误发事故音响信号，使值班人员难辨真假，故在接线中应采取只有在"合闸后"位置才接通的触点，而从表 5-2 中找不到这样的触点，所以采用 1-3 与 19-17 两对触点串联的方法来满足只在"合闸后"位置才接通的这一要求。

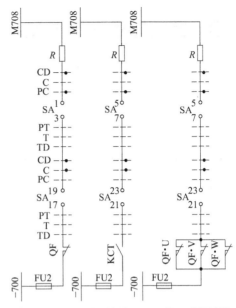

(a) 利用断路器辅助触点启动　(b) 利用跳闸位置继电器启动　(c) 利用三相断路器辅助触点并联启动

图 5-7　事故跳闸音响信号启动回路

5.2.7　断路器控制回路完好性的监视

断路器控制回路必须有监视熔断器熔断或控制回路断线的措施，否则将不能正常进行跳、合闸操作。

目前广泛采用的完好性监视方式有两种，即灯光监视和音响监视。中小型发电厂和变电站一般采用双灯监视方式，而大型发电厂和变电站则多采用单灯加音响监视方式。

① 双灯监视方式。根据位置指示灯状态来监视控制回路的完好性。在图 5-5 中，当断路器在跳闸位置时，若回路完好则绿灯（GN）亮，否则说明熔断器熔断或合闸回路断线。同理，红灯（RD）亮表示断路器在合闸位置，同时说明跳闸回路完好。

② 单灯加音响方式。根据控制开关的指示灯与音响信号来监视控制回路的完好性。图 5-11 中，将 KCT 和 KCC 的动断触点串联接于控制回路断线小母线（M7131），当控制回路熔断器 FU 熔断时，KCC 和 KCT 同时断电，其动断触点同时闭合，接通信号继电器 KS，然后发出断线的光字牌信号及音响信号，由控制开关手柄内的指示灯的熄灭，可找出故障回路。

5.3 断路器的实用控制与信号回路

目前电力系统常用的断路器控制与信号回路可分为两大类，即灯光监视的控制与信号回路和音响监视的控制与信号回路。

5.3.1 灯光监视的断路器控制与信号回路

(1) 电磁操作机构的断路器控制与信号回路

图 5-8 所示为双灯制电磁操作机构的断路器控制与信号回路。它由基本跳合闸回路、防跳回路、位置信号回路及事故音响启动回路组合而成。图中，＋、－分别为控制电源小母线和合闸电源小母线（合闸母线接大容量电源）；M100（＋）为闪光电源小母线；M708 为事故音响小母线；－700 为信号电源小母线的负极端；控

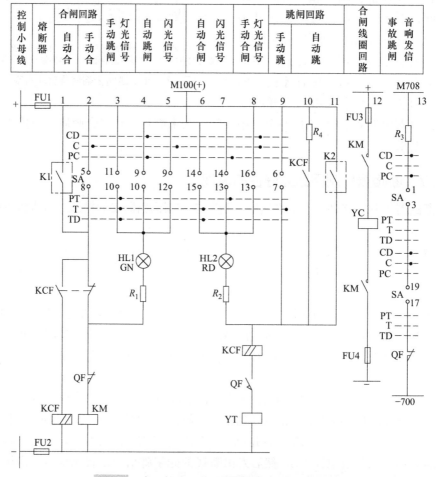

图 5-8　电磁操作机构的断路器控制与信号电路

制开关 SA 选用 LW2-Z-1a、4、6a、40、20、20/F8 型控制开关，FU1～FU4 为熔断器。

控制信号电路的动作原理如下。

① 手动合闸。

a. 预备合闸。在手动合闸操作前，断路器在跳闸位置，控制开关在"跳闸后"位置。进行手动合闸操作时，先将控制开关 SA 的操作手柄顺时针旋转 90°至"预备合闸"位置，触点 9-10 和 13-14 接通，此时断路器的动合辅助触点 QF 断开，动断辅助触点 QF 闭合，所以只有 9-10 触点有电流流过，电流的路径为 M100（＋）→SA_{9-10}→GN→QF→KM→（－），绿灯 GN 接通闪光电源而发闪光。

b. 合闸。将控制开关 SA 继续顺时针旋转 45°至合闸位置，触点 5-8、9-12、16-13 接通，由于触点 5-8 的接通将绿灯（GN）短路，控制母线电压加在合闸接触器（KM）的线圈上，电流路径为（＋）→SA_{5-8}→QF→KM→（－），合闸接触器 KM 线圈通电后，其触点 KM 闭合使合闸线圈 YC 通电，电流路径为（＋）→KM→YC→KM→（－），YC 通电后将断路器合上。断路器合闸后，其辅助动合触点 QF 闭合、辅助动断触点 QF 断开；此时触点 16-13 所在回路通电，电流路径为（＋）→SA_{16-13}→RD→KCF→QF→YT→（－），使红灯 RD 接通控制电源而发平光。

c. 合闸后。断路器合闸后，松开控制开关的操作手柄，手柄在弹簧的作用下自动逆时针旋转 45°至"合闸后"位置，此时触点 9-10、16-13 接通，由于断路器的动断触点仍处于断开位置，所以只有 16-13 触点所在回路通电，电流路径为（＋）→SA_{16-13}→RD→KCF→QF→YT→（－），红灯仍发平光。

② 手动跳闸。

a. 预备跳闸。在手动跳闸操作前，断路器在合闸位置，而控制开关在"合闸后"位置。进行手动跳闸操作时，先将控制开关 SA 的操作手柄逆时针旋转 90°至"预备跳闸"位置，触点 11-10 和 14-13 接通，此时断路器的动合辅助触点 QF 闭合，动断辅助触点 QF 断开，所以只有 14-13 触点有电流流过，电流的路径为 M100（＋）→SA_{14-13}→RD→KCF→QF→YT→（－），红灯 RD 接通闪光电源而发闪光。

b. 跳闸。将控制开关 SA 继续逆时针旋转 45°至"跳闸"位置，触点 6-7、11-10、14-15 接通，由于触点 6-7 的接通将红灯（RD）短路，使跳闸线圈 YT 励磁而将断路器断开，断路器的辅助动合触点 QF 断开，辅助动断触点 QF 闭合，之后触点 11-10 通电，电流路径为（＋）→SA_{11-10}→GN→QF→KM→（－），使绿灯 GN 接通控制电源而发平光。

c. 跳闸后。断路器断开后，松开控制开关的操作手柄，手柄在弹簧的作用下自动顺时针旋转 45°至"跳闸后"位置，此时触点 11-10、14-15 接通，由于断路器的动合触点仍处于断开位置，所以只有 11-10 触点所在回路通电，电流路径为（＋）→SA_{11-10}→GN→QF→KM→（－），使绿灯 HG 接通控制电源而发平光。

③ 自动合闸。如果自动装置动作使其合闸出口继电器 K1 触点闭合，则合闸接触器 KM 线圈通电，KM 触点闭合后使合闸线圈 YC 通电而将断路器合闸，而此时控制开关 SA 手柄仍在断路器自动合闸之前的位置——"跳闸后"位置，触点 11-10、14-15 接通，但是只有触点 14-15 通电，路径为 M100（＋）→SA$_{14-15}$→RD→KCF→QF→YT→（－），红灯 RD 发闪光。

④ 自动跳闸。若一次系统发生故障启动继电保护装置而将保护跳闸出口继电器 K2 的触点闭合，则跳闸线圈 YT 励磁将断路器断开，而此时控制开关 SA 手柄仍然在断路器自动跳闸前的位置——"合闸后"位置，触点 9-10、16-13 接通，但是只有 9-10 通电，电流路径为 M100（＋）→SA$_{9-10}$→GN→QF→KM→（－），绿灯 GN 发闪光。

⑤ 熔断器完好监视。RD 或 GN 有一个亮，则表明熔断器 FU 是完好的。

⑥ KCF 的动合触点串一电阻 R_4 且与 K2 动合触点并联。当 K2 先于 QF 跳开时，必先烧 K2 的触点；而加入 KCF 的动合触点，QF 在合闸位，即使 K2 先跳开，因有 KCF 及 R_4 与之并联，所以 K2 触点也不会烧坏。

⑦ 灯光监视控制回路的优点。该控制回路结构简单，红、绿灯指示断路器的位置比较明显；但在大型发电厂和变电站中，因控制屏多，所以必须加入音响信号，以便及时引起值班人员注意。

(2) 弹簧操作机构的断路器控制与信号电路

图 5-9 所示为弹簧操作机构的断路器控制与信号电路。M 为储能电动机，Q1 为操作机构的辅助触点。其他设备符号含义与电磁操作机构的断路器控制回路相同。该控制回路是利用储能电动机 M 使弹簧压缩（或拉紧）储能，合闸时弹簧储能释放，使断路器合闸。

弹簧未储能时，操作机构的动合辅助触点 Q1 断开以闭锁合闸回路，只有在弹簧拉紧、Q1 闭合后，才允许合闸。

当弹簧未拉紧时，操作机构的两对辅助动断触点 Q1 闭合，启动储能电动机 M，使合闸弹簧拉紧。弹簧拉紧后，两对动断触点 Q1 断开，合闸回路中的辅助动合触点 Q1 闭合，电动机 M 停止转动。

手动合闸时，控制开关 SA 的触点 5-8 闭合，合闸线圈 YC 励磁，释放弹簧储能，断路器合闸。由于合闸时仅是合闸线圈吸引衔铁，解除已储能弹簧的锁扣，需用功率不大，所以可用控制开关直接控制合闸线圈，无需经过接触器。手动跳闸时，SA 的触点 6-7 闭合，使跳闸回路带电，断路器跳闸。

当断路器装有自动重合闸装置时，由于弹簧正常运行时处于储能状态，所以能可靠地完成一次重合闸的动作。如果重合闸不成功又跳闸，而此时弹簧未储能，触点 Q1 断开，故不能进行第二次重合闸。但为了保证可靠地防止断路器发生"跳跃"，控制回路中仍设有电气防跳措施。

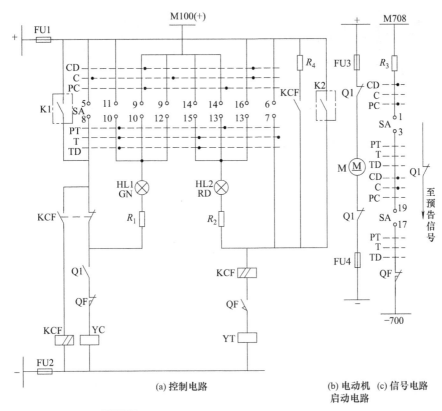

图 5-9　弹簧操作机构的断路器控制与信号电路

(3) 液压操作机构的断路器控制与信号回路

图 5-10 是液压操作机构的断路器控制与信号回路，控制开关是 LW2-Z 型的，其特点是跳、合闸的动力是靠液体压力，所以合闸电流小，只需 2A 即可；并设有压力异常报警、自动稳压和压力异常闭锁合闸操作等功能。

图中，＋700、－700 为信号小母线；S1～S5 为液压机构微动开关的触点，其动作位置与液体压力有关；S6、S7 为压力表触点，各触点的动作值如表 5-3 所示。KC1、KC2 为中间继电器，KM 为直流接触器，M 为直流电动机，其他设备与图 5-8 中相同。

表 5-3　微动开关触点及压力表电触点的动作条件　　　　单位：MPa

触点符号	S1	S2	S3	S4	S5	S6	S7
动作条件	<17.5 闭合	<15.8 闭合	<14.4 闭合	<13.2 断开	<12.6 闭合	<10 闭合	>20 闭合

液压操作部分动作分析如下。

① 液压操动机构的压力控制。为保证断路器的正常工作，油压应维持在 15.8～17.5MPa 的范围内，否则应进行自动调节。a. 当油压低于 15.8MPa 时，微

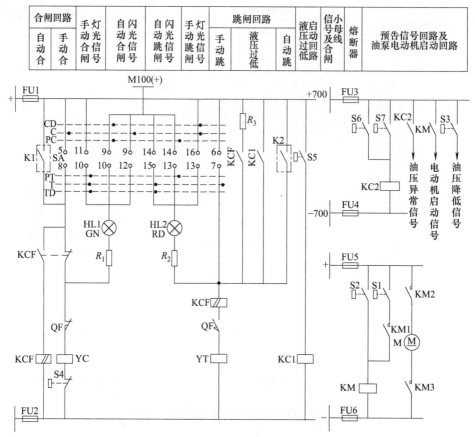

图 5-10　液压操作机构的断路器控制与信号电路

动开关的触点 S1、S2 都闭合。S2 闭合使直流接触器 KM 启动，其动合触点闭合，KM1 触点经 S1 形成 KM 的自保持回路；KM2 与 KM3 触点同时串接于油泵电动机 M 回路，使电动机启动升高油压，KM 触点闭合，发出电动机启动信号。b. 当油压上升至 15.8MPa 以上时，S2 断开，但 KM 不返回，一直到油压升至 17.5MPa 时，S1 才断开，KM 线圈失电，油泵电动机 M 因 KM2 和 KM3 的断开而停止运转。这样便自动维持了油压在 15.8～17.5MPa 的范围内。

② 液压异常时发出信号。a. 当油压降至 14.4MPa 时，微动开关触点 S3 闭合，发出油压降低信号；b. 当油压降低至 13.2MPa 时，微动开关触点 S4 断开，切断断路器合闸回路，实行"油压降低闭锁合闸"功能，避免断路器在油压过低时合闸的"慢爬"现象；c. 当油压降低到 10MPa 以下时 S6 闭合，油压超过 20MPa 时 S7 闭合，都能使中间继电器 KC2 启动，由其动合触点闭合以发出油压异常信号。

③ 油压严重下降时，断路器自动跳闸。因油压严重下降时，由于压力不足不能完成断路器在发生故障时正常跳闸的功能，所以当油压降至 12.6MPa 时，S5 便闭合，启动中间继电器 KC1，其动合触点闭合，接通断路器跳闸线圈 YT，使断路器自

动跳闸。因 S4 在油压降至 13.2MPa 时已断开，切断合闸回路，所以不会再合闸。

5.3.2　音响监视的断路器控制与信号回路

以电磁操作机构的断路器控制与信号电路为例来介绍音响监视的断路器控制与信号回路。图 5-11 所示为音响监视的断路器控制与信号电路。图中，＋、－为控制电源小母线，＋700、－700 为信号电源小母线，M100（＋）为闪光电源小母线，M708 为事故音响小母线，M711、M712 为预告信号小母线，M7131 为控制回路断线预告小母线；SA 选用 LW2-YZ-1a、4、6a、40、20、20/F1 型控制开关；KCC、KCT 为合闸位置继电器和跳闸位置继电器；KS 为信号继电器；H 为光字牌；其他设备与图 5-8 相同。

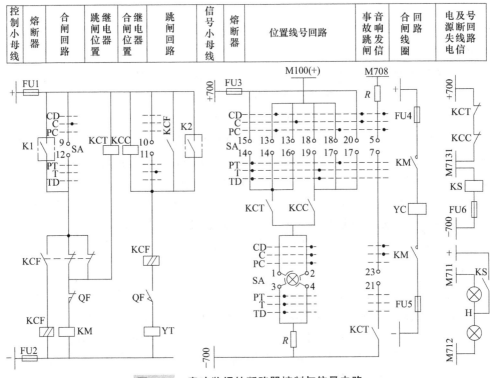

图 5-11　音响监视的断路器控制与信号电路

工作原理如下。

(1) 手动合闸

在手动合闸前，断路器的动断辅助触点 QF 闭合，跳闸位置继电器 KCT 线圈带电，其动合触点闭合，此时 SA 处于"跳闸后"位置，触点 15-14、1-3 接通并通电，电流路径为 ＋700→SA$_{15-14}$→KCT→SA$_{1-3}$→－700，白色信号灯 WH 发平光。

① 预备合闸　将控制开关 SA 切换至"预备合闸"位置，触点 13-14 和 2-4 接

通，此时跳闸位置继电器 KCT 触点仍闭合，WH 接通闪光电源小母线而闪光，电流路径为 M100（＋）→SA$_{13-14}$→KCT→SA$_{2-4}$→－700。

② 合闸　将控制开关 SA 切至"合闸"位置，触点 9-12 接通，合闸接触器 KM 线圈带电，KM 触点闭合后使合闸线圈 YC 带电，断路器合闸。断路器合闸后，其动合辅助触点 QF 闭合、动断辅助触点 QF 断开，于是合闸位置继电器 KCC 线圈带电，其触点闭合，信号灯 WH 通过闭合的 20-17 和 2-4 触点接通信号电源小母线＋700、－700 而发平光。

③ 合闸后　松开控制开关 SA，SA 自动复归到"合闸后"位置，此时触点 20-17 和 2-4 接通，触点 KCC 也闭合，信号灯 WH 接通信号电源发平光。

(2) 手动跳闸

手动跳闸前，SA 处于"合闸后"位置，此时触点 20-17 和 2-4 接通，触点 KCC 也闭合，电流路径为＋700→SA$_{20-17}$→KCC→SA$_{2-4}$→－700，白色信号灯 WH 发平光。

① 预备跳闸　将控制开关 SA 切换至"预备跳闸"位置，触点 18-17 和 1-3 接通，此时合闸位置继电器 KCC 触点仍闭合，WH 接通闪光电源小母线而闪光，电流路径为 M100（＋）→SA$_{18-17}$→KCC→SA$_{1-3}$→－700。

② 跳闸　将控制开关 SA 切至"跳闸"位置，触点 10-11、15-14 和 1-3 接通，触点 10-11 接通使跳闸线圈 YT 通电而将断路器跳闸，于是断路器的动合辅助触点 QF 断开、动断辅助触点 QF 闭合，动断辅助触点 QF 闭合使跳闸位置继电器 KCT 线圈通电，白色信号灯 WH 经 KCT 触点与触点 15-14、1-3 接通信号电源发平光。

③ 跳闸后　松开控制开关 SA，SA 自动复归到"跳闸后"位置，此时触点 15-14 和 1-3 接通，触点 KCT 也闭合，信号灯 WH 接通信号电源发平光。

(3) 自动合闸

若自动装置动作使其出口继电器 K1 触点闭合，则使其路径（＋）→K1→QF→KM→（－）接通，合闸接触器 KM 线圈通电，其触点闭合，随即合闸线圈 YC 通电而将断路器自动合上。断路器合闸后，其动合辅助触点 QF 闭合、动断辅助触点 QF 断开，于是合闸位置继电器 KCC 线圈通电，KCC 动合触点闭合，此时控制开关 SA 仍处于"跳闸后"位置，触点 18-19 和 1-3 接通，信号灯 WH 接通闪光电源小母线而发闪光。

(4) 自动跳闸

一次系统发生故障，继电保护装置动作使其出口继电器 K2 触点闭合，跳闸线圈 YT 通电将断路器跳开，断路器动合辅助触点 QF 断开、动断辅助触点 QF 闭合。动断辅助触点 QF 闭合后使跳闸位置继电器 KCT 通电，触点 KCT 闭合，又由于 SA 仍处于"合闸后"位置，触点 13-14 和 2-4 接通，信号灯 WH 接至闪光电源小母线而发闪光。

第6章
隔离开关的控制回路

高压隔离开关是发电厂和变电站电气系统中重要的开关电器,需与高压断路器配套使用,其主要功能是保证高压电器及装置在检修工作时的安全,起隔离电压的作用,不能用于切断、投入负荷电流和开断短路电流,仅可用于不产生强大电弧的某些切换操作,即是说它不具有灭弧功能。

隔离开关按安装地点不同分为屋内式和屋外式,按绝缘支柱数目分为单柱式、双柱式和三柱式,各电压等级都有可选设备。其主要用途是:①隔离电源,从而使带电和不带电设备之间有明显的空气间隙;②倒闸操作,隔离开关可以在双母线接线中将设备或供电线路从一组母线切换到另一组母线上;③断开或接通小电流电路,如空载短线路、空载中小型变压器以及空载母线;④可以与接地刀闸互锁实现接地操作,操作顺序为:先断开隔离开关,后闭合接地刀闸;先断开接地刀闸,后闭合隔离开关。

6.1 隔离开关的控制及信号回路

隔离开关操动机构有手动、电动、气动和液压传动等型式,除手动机构外,其他各种都具备就地和远方控制的条件。一般对 330~500kV 倒闸操作用的隔离开关应能远方及就地操作,检修用的隔离开关、接地刀闸和母线接地器宜就地操作。220kV 及以下电压的隔离开关、接地刀闸和母线接地器宜就地操作。

6.1.1 隔离开关的控制回路

(1) 隔离开关控制回路的构成原则

① 防止带负荷拉合隔离开关,所以其控制回路必须和相应的断路器闭锁。

② 防止带合接地刀闸或接地器,防止带地线合闸及误入带电间隔。

③ 操作脉冲是短时的,并在完成操作后自动撤除。

④ 操作用隔离开关应有其所处状态的位置信号。

(2) 电动操作及电动液压操作控制回路

隔离开关的控制回路根据操作机构的不同分为气动操作控制回路、电动操作控制回路、电动液压操作控制回路。下面分别介绍电动操作控制回路和电动液压操作控制回路的构成及动作原理。

① 电动操作控制回路 电动操作控制回路如图 6-1 所示。KM1、KM2 为合闸、跳闸接触器；K 为热继电器；SB 为紧急解除按钮；SB1、SB2 为合闸、跳闸按钮；QF 为对应断路器辅助动断触点；QSE 为接地刀闸的辅助动断触点；S1、S2 为隔离开关合闸、跳闸终端开关。

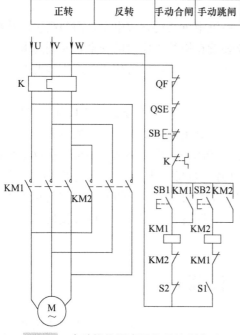

图 6-1　电动操作隔离开关的控制电路

动作原理如下。

a. 隔离开关合闸操作。在具备合闸条件下，即相应的断路器 QF 在跳闸位置（其辅助动断触点闭合）；接地隔离开关 QSE 在断开位置（其辅助动断触点闭合）；隔离开关在跳闸终端位置（其跳闸终端开关 S2 闭合）并无跳闸操作（即 KM2 的动断触点闭合）时，按下合闸按钮 SB1，启动合闸接触器 KM1，使三相交流电动机 M 正方向转动，进行合闸，并通过 KM1 的辅助动合触点自保持，使隔离开关合闸到位。隔离开关合闸后，跳闸终端开关 S2 断开，合闸接触器 KM1 失电返回，电动机 M 停止转动。这就保证了隔离开关合闸到位后，自动解除合闸脉冲。

b. 隔离开关分闸操作。相应断路器 QF 在分闸状态时，动断辅助触点闭合，QSE 动断辅助触点闭合，隔离开关在合闸终端位置（其合闸终端开关 S1 闭合）。KM1 动断触点闭合；此时只要按下 SB2 跳闸按钮，启动跳闸接触器 KM2，KM2 的动合触点闭合，使三相电动机 M 反向转动，使隔离开关跳闸。通过 KM2 的辅助动合触点自保持，使隔离开关跳闸到位。隔离开关分闸后，合闸终端开关 S1 断开（同时 S2 闭合为合闸做准备）跳闸接触器 KM2 失电返回，电动机 M 停止转动。

在合闸、跳闸操作过程中，由于某种原因，需要立即停止合闸、跳闸操作时，可按下紧急解除按钮 SB，使合闸、跳闸接触器失电，电动机立即停止转动。

电动机 M 启动后，若电动机回路故障，则热继电器 K 动作，其动断触点断开控制回路，停止操作。此外，利用 KM1、KM2 的动断触点相互闭锁跳、合闸回路，以避免操作程序混乱。

对于 GW4-220D/1000 型的户外高压隔离开关，常采用 CJ5 型电动操作机构。

② 电动液压操作控制电路　电动液压操作控制电路如图 6-2 所示。

隔离开关跳、合闸操作与电动操作类似。

对于 GW6-200G、GW7-200 和 GW7-330 等型式的户外高压隔离开关，可采用 CYG-1 型电动液压操作机构。

6.1.2　隔离开关的信号回路

隔离开关的信号主要依据位置指示器来表示开关所处的位置。隔离开关的位置指示器装于控制屏模拟主接线的相应位置上，常用的有手动模拟牌、电动式位置指示器。手动模拟牌用于不需要经常倒换操作的隔离开关，需要经常倒换操作的隔离开关可装设 MK-9T 型电动式位置指示器。

MK-9T 型位置指示器由两个电磁铁线圈和一个可转动的条形衔铁组成，如图 6-3（b）所示。

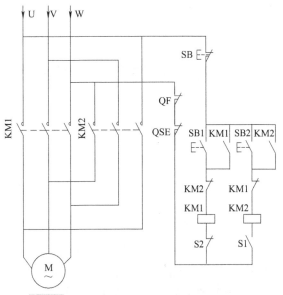

图 6-2　电动液压操作隔离开关的控制电路

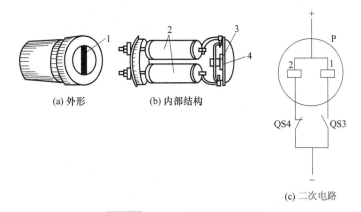

(a) 外形　　　　(b) 内部结构

(c) 二次电路

图 6-3　MK-9T 型位置指示器

1，4—黑色标线；2—电磁铁线圈；3—衔铁

两个电磁铁线圈，分别由隔离开关的动合辅助触点 QS3、动断辅助触点 QS4 控制；舌片用永久磁铁做成，黑色标线与舌片固定连接。当隔离开关的位置改变时，隔离开关的辅助触点 QS3、QS4 的通断状态切换，两线圈的通断状态也改变，线圈磁场方向发生改变，舌片改变位置，黑色标线也随之改变位置。

当隔离开关 QS 处于合闸位置时，其动合辅助触点 QS3 闭合，则电流通过电磁铁线圈，黑色指示标线停留在垂直位置；当隔离开关处于跳闸位置时，其动断辅助触点 QS4 闭合，则电流通过另一个电磁线圈，黑色指示标线停留在水平位置；当两个电磁铁线圈内均无电流通过时，黑色指示标线（在弹簧压力作用下）停留在 45°角位置。

6.2 隔离开关的电气闭锁回路

如果带负荷拉、合隔离开关，将会产生严重后果，为了避免这种误操作的出现，除了在隔离开关控制电路中串入相应断路器的辅助动断触点外，还需要装设专门的闭锁装置。闭锁装置分机械闭锁和电气闭锁两种形式。6~10kV 配电装置，一般采用机械闭锁装置；35kV 及以上电压等级的配电装置，主要采用电气闭锁装置。

(1) 机械闭锁

机械闭锁是利用设备的机械传动部位的互锁来实现的。如成套开关柜中断路器与隔离开关之间、隔离开关与接地开关之间、主电路与柜门之间，以及 35kV 及以上户外配电装置中装成一体的隔离开关与接地开关之间的闭锁。这种闭锁方式是简单有效的防误闭锁方式。

(2) 电气闭锁装置

电气闭锁装置是通过接通或断开操作电源而达到闭锁目的一种装置。对采用气动、电动和液压操动机构的隔离开关，在其控制电路中设闭锁接线；对手动操作的隔离开关、接地开关，装设电磁锁闭锁装置，装置由电磁锁和闭锁电路两部分组成。

1) 电磁锁　电磁锁的结构如图 6-4 (a) 所示。主要由电锁 I 和电钥匙 II 组成。电锁 I 由锁芯 1、弹簧 2 和插座 3 组成。电钥匙 II 由插头 4、线圈 5、电磁铁 6、解除按钮 7 和钥匙环 8 组成。在每个隔离开关的操作机构上装有一把电锁，电锁固定在隔离开关的操动机构上，电钥匙可以取下，全厂（站）备有 2~3 把电钥匙作为公用。电锁用来锁住操动机构的转动部分。在电钥匙不带电时，锁芯 1 在弹簧 2 压力作用下，锁入操作机构的小孔内，使操作手柄 III 不能转动。只有在相应断路器处于跳闸位置时，才能用电钥匙打开电锁，对隔离开关进行合、跳闸操作。

电磁锁的工作原理如图 6-4 (b) 所示，断路器在分闸位置时隔离开关可以操作。当断路器在断开位置时,其操动机构上的动断辅助触点接通,给插座 3 加上直流电压。如果需要断开隔离开关 QS,可将电钥匙的插头 4 插入插座 3 内,线圈 5 中就有电流流过,使电磁铁 6 被磁化吸出锁芯 1,锁就打开了,此时利用操作手柄 Ⅲ,即可拉断隔离开关。隔离开关拉断后,取下电钥匙插头 4,使线圈 5 断电,释放锁芯 1,锁芯 1 在弹簧 2 压力作用下,又锁入操作机构小孔内,锁住操作手柄。需要合上隔离开关的操作过程与上类似。

当断路器在合闸位置时,由于其动断辅助触点是断开的,电磁锁插座上没有电源,即便把电钥匙的插头插入插座,电锁也不能被打开,隔离开关不能进行跳、合闸的操作,防止了带负荷拉隔离开关的误操作发生。

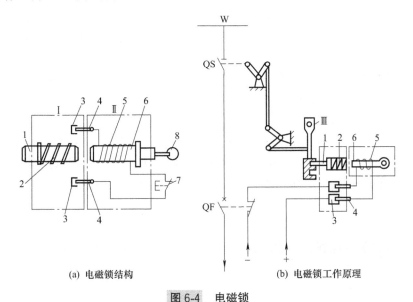

(a) 电磁锁结构　　　　　　(b) 电磁锁工作原理

图 6-4　电磁锁

Ⅰ—电锁;Ⅱ—电钥匙;Ⅲ—操作手柄;1—锁芯;2—弹簧;
3—插座;4—插头;5—线圈;6—电磁铁;7—解除按钮;8—钥匙环

可见,断路器必须处于跳闸位置才能把电磁锁打开,操作隔离开关。这就可靠地避免了带负载拉、合隔离开关的误操作发生。

2) 电气闭锁电路

① 单母线隔离开关闭锁电路　单母线隔离开关闭锁电路如图 6-5 所示。YA1,YA2 分别对应于隔离开关 QS1、QS2 电磁锁,所表示的实际为电磁锁的插座。闭锁电路由相应断路器 QF 合闸电源供电。

断开线路时,首先应断开断路器 QF,使其辅助动断触点闭合,则负电源(一)接至电磁锁开关 YA1 和 YA2 的下端。用电钥匙使电磁锁开关 YA2 闭合,即打开了隔离开关 QS2 的电磁锁,拉断隔离开关 QS2 后取下电钥匙,使 QS2 锁在断开位置;再用电钥匙打开隔离开关 QS1 的电磁锁开关 YA1,拉断隔离开关 QS1 后

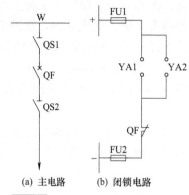

(a) 主电路　(b) 闭锁电路

图 6-5 单母线隔离开关闭锁电路

取下电钥匙，使 QS1 锁在断开位置。

对于单母线馈线隔离开关，若采用气动、电动、电动液压操作的隔离开关，也可不必装设电磁锁，因为在其控制电路中，已经考虑了相应的闭锁回路。

② 双母线隔离开关闭锁电路　图 6-6 所示为双母线隔离开关闭锁电路，M880 为隔离开关操作闭锁小母线。只有在母联断路器 QF 和隔离开关 QS1 和 QS2 均在合闸位置时，隔离开关操作闭锁小母线 M880 经支路 6 才与负电源（一）接通，即双母线并列运行时，M880 才取得负电源。

在双母线配电装置中，除一般断开或投入线路的操作外，为了切换负荷，还经常需要在不断开线路断路器的情况下，进行母线隔离开关的切换操作。隔离开关的操作原则是：等电位时隔离开关可自由操作。当 QS4 断开，QF1 在分闸位置时，可操作 QS3；当 QS3 断开，断路器在分闸位置时，可操作 QS4；当母联断路器 QF 及两侧隔离开关 QS1、QS2 均投入时（即双母线并列运行），如果 QS3 已投入，可操作 QS4，QS4 已投入，则可操作 QS3；QF1 在分闸时，可操作 QS5。

假定隔离开关 QS3、QS5 在合闸位，QS4 断开时，说明图 6-6 所示系统电气闭锁的操作过程。

a. 手动断开线路操作。先断开线路断路器 QF1，把合闸小母线电源加到电锁 YA3 和 YA5 的插座上，用电钥匙打开线路隔离开关 QS5 手柄上的电锁 YA5，并断开 QS5。继而用电钥匙打开母线隔离开关 QS3 的手柄上的电锁 YA3，并断开 QS3，完成手动断开线路的操作。

b. 手动投入线路操作。先用电钥匙打开 QS3 手柄上的电锁 YA3，合上 QS3；再用电钥匙打开 QS5 手柄上的电锁 YA5，合上 QS5；最后合上线路断路器 QF1，使线路接到 I 母线上运行。

断路器在合闸位置时，因电气闭锁回路被断路器的动断辅助触点切断，电钥匙线圈不带电，电锁铁芯不能被吸出，隔离开关就被闭锁，不能动作，不会造成隔离开关误动作。

c. 线路由 I 段母线切换到 II 段母线上供电。如果断路器 QF1、线路隔离开关 QS5、QS3 在合闸位置，而此时母联断路器 QF 和隔离开关 QS1 和 QS2 以及 QS4 在断开位置，要求在不断开 QF1 及 QS5 的条件下，完成将线路切换到 II 段母线上供电，其倒闸操作顺序如下。

首先用电钥匙打开两台母联隔离开关 QS1 和 QS2 的电锁 YA1 和 YA2，并合上隔离开关 QS1 和 QS2。再合上母联断路器 QF。用电钥匙打开母线隔离开关 QS4

操作机构上的电锁 YA4，并把 QS4 投入到 Ⅱ 段母线上。在 QS4 投入后，因两母线已等电位，QS3 与 QS4 之间没有电位差，所以可用电钥匙继续打开电锁 YA3，并将 QS3 从 Ⅰ 段母线上断开。至此，线路已切到 Ⅱ 段母线上运行。断开母联断路器 QF，之后用电钥匙分别打开电锁 YA1 和 YA2，断开母联隔离开关 QS1 和 QS2。线路由 Ⅰ 段母线转到 Ⅱ 段母线的全部倒闸操作完成。

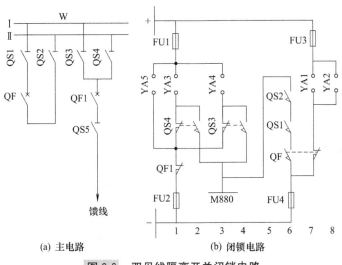

(a) 主电路　　　(b) 闭锁电路

图 6-6　双母线隔离开关闭锁电路

第7章
中央信号及其他信号系统

7.1 概述

在发电厂和变电站中，运行人员除了依靠测量仪表来监视设备运行情况外，还要借助于信号装置来反映设备正常和非正常的运行状况。从而利于及时发现与分析故障，迅速消除和处理故障，同时还可作为互相联络和传达信息命令的手段。

7.1.1 信号的分类

① 信号回路按其电源可分为：强电信号回路和弱电信号回路。

② 信号回路按其用途可分为以下几种。

a. 事故信号。当电气设备发生事故时，故障回路断路器跳闸，继电保护动作启动事故信号装置发出音响报警（蜂鸣器，又称电笛或电喇叭）及灯光信号（信号灯闪光），音响信号是为了引起运行人员注意，灯光信号则指明事故对象及性质。

b. 预告信号。当设备发生故障而出现不正常运行状况，虽然这种不正常运行状况不会立刻造成设备损坏或危及人身安全，但是如果不及时处理，可能发展成事故，因此继电保护动作启动预告信号装置发出音响报警（警铃）及灯光信号（标有故障性质的光字牌也点亮）。预告信号可以帮助运行人员发现故障和隐患，以便及时处理。

c. 位置信号。位置信号包括断路器、隔离开关、接触器、电力变压器的有载调压分接头位置信号。断路器位置信号用灯光表示其合闸、跳闸位置；隔离开关位置信号用专门的位置指示器表示其位置状态。

d. 指挥信号和联系信号。指挥信号是用于主控制室向各控制室发出操作命令的。如主控制室向机炉控制室发"注意"、"增负载"、"减负载"、"发电机已合闸"等命令。联系信号用于各控制室之间的联系。

中央信号系统包括事故信号和预告信号，安装在发电厂、变电所主控制室内的中央信号屏上。全厂（所）共用一套。

中央信号回路按音响信号的复归办法可分为就地复归和中央复归；按其音响信号的动作性能可分为能重复动作和不能重复动作。

7.1.2　中央信号的形式及信号回路应满足的要求

(1) 中央信号的三种形式

① 掉牌信号　由装在保护屏上的信号继电器实现，能提示值班人员是何种保护动作，从而帮助值班人员判断故障的性质和远近。

② 光字信号　光字信号由各种异常工作状态的名称和相应的灯光构成。当发生某种异常工作状态时，相应的灯光变亮，将该种异常工作状态的名称显示出来。

③ 音响信号　事故信号的音响由电笛发出，预告信号的音响由电铃发出。

发生事故时，运行人员首先听到蜂鸣器或电笛发出音响，再通过断路器位置指示灯闪光来判断是哪个断路器事故跳闸，并通过继电保护的掉牌信号判断是哪种保护作用于跳闸。

发生异常工作状况时，运行人员首先听到警铃发出音响，再通过光字信号判断是哪种设备发生了何种异常工作状态。

在作好事故（故障）记录并认定信号源已消失的前提下，手动复归掉牌信号，同时光字信号消失。

(2) 信号回路应满足的要求

① 中央信号应能保证断路器的位置指示正确。对单灯控制音响监视接线应能实现亮屏（即断路器位置指示灯亮）及暗屏（运行时断路器位置指示灯暗）运行。

② 断路器事故跳闸时，能及时发出音响信号（蜂鸣器），并使相应的位置指示灯闪光。

③ 发生故障时，能及时发出区别于事故音响的另一种音响（警铃），并在光字牌显示故障的性质。

④ 对事故及预告信号回路及其光字牌应能进行是否完好的试验。

⑤ 当发生音响信号后，应能手动或自动复归音响，而故障性质的显示灯仍保留。

⑥ 对指挥信号、联系信号等，应根据需要装设。其装设原则是应使运行人员能迅速、准确地确定所得到信号的性质和地点。

7.2　中央信号系统

7.2.1　事故信号

断路器因事故而跳闸时发出的信号为事故信号，是最紧急性信号。事故信号回路应包括灯光指示和音响部分。下面介绍几种应用较广的事故信号装置。

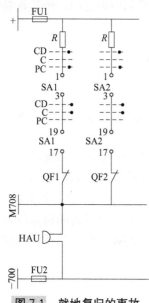

图 7-1　就地复归的事故音响信号装置

(1) 简化的事故音响信号装置

① 就地复归的事故音响信号装置　图 7-1 所示为就地复归的事故音响信号装置。

a. 回路构成。回路由信号电源小母线＋700 和－700，事故音响小母线 M708，控制开关 SA，蜂鸣器 HAU，断路器辅助动断触点 QF1、QF2 以及熔断器 FU1、FU2 构成。

b. 音响信号启动。当任一台断路器因事故而跳闸时，由于控制开关与断路器的位置不对应（即控制开关在合闸后位置而断路器在跳闸位置），使得信号电源小母线正极＋700 与事故音响信号小母线 M708 接通，这样正、负电源就加到蜂鸣器两端，蜂鸣器发出音响。

c. 音响解除。值班人员需要找到信号灯（由红灯变绿灯且闪光）对应的控制开关 SA，就地将手柄打到相应的跳闸后位置，其触点 1-3、19-17 断开，则 M708 上的电源消失，音响解除，与此同时信号灯闪光消失而变成发出绿色的平光。

② 中央复归（不重复动作）的事故音响信号装置　图 7-2 所示为中央复归（不重复动作）的事故音响信号装置。

a. 回路构成。回路由信号电源小母线＋700 和－700，事故音响小母线 M708，控制开关 SA，蜂鸣器 HAU，试验按钮 SB，音响解除按钮 SB1，中间继电器 KC，断路器辅助动断触点 QF1、QF2 以及熔断器 FU1、FU2 构成。

b. 音响信号启动。当任一台断路器因事故而跳闸时，通过 SA 与 QF 的不对应回路使得信号电源小母线正极＋700 与事故音响信号小母线 M708 接通，尽管在 M708 与 HAU 之间串接了中间继电器 KC 的动断触点，由于按钮 SB1 没有按下从而 KC 线圈未启动，所以此时 KC 动断触点处于闭合状态，这样正、负电源就加到蜂鸣器两端，蜂鸣器发出音响。

c. 音响解除。值班人员听到音响后，只需在主控台上按一下音响解除按钮 SB1，使得 KC

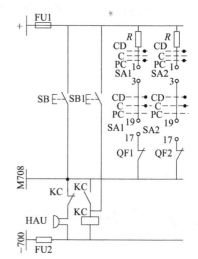

图 7-2　中央复归（不重复动作）的事故信号装置

线圈两端分别接正、负电源，KC 线圈启动并通过自身的动合触点实现自保持，同时与蜂鸣器相连的 KC 动断触点断开，切断 HAU 回路，使音响解除。

运行人员找到闪光的绿色指示灯所对应的控制开关 SA，将其打到相应的（跳闸后）位置，由于此时触点 1-3 和 19-17 断开，因而 KC 线圈失去正电源，KC 动合触点断开，动断触点闭合，同时信号灯闪光消失而变成发出绿色的平光。SB 为蜂鸣器试验按钮，按下 SB 可以测试蜂鸣器是否能正常发出音响。

这种装置的缺点是音响不能重复动作，即当前一次音响发出后，值班人员用 SB1 将音响解除，而 SA 和 QF 仍然处于不对应状态，致使 KC 的自保持回路仍然接通，KC 的动断触点还在断开位置。如果再有第二台断路器事故跳闸，HAU 不会再发出音响信号，即不能重复动作。此装置只适用于断路器数量较少的发电厂和变电所。

(2) 中央复归能重复动作的事故音响信号装置

中央复归能重复动作的事故信号电路大多采用冲击继电器来实现，冲击继电器可接收各种事故脉冲，并将其转换成音响信号。冲击继电器有各种不同的型号，但其共同点是都具有接收信号的组件（如脉冲变流器或电阻器）以及相应的执行组件。

1）中央事故音响信号的启动回路

① 回路构成　图 7-3 所示为事故音响信号的启动电路。回路由信号小母线 +700、-700，事故音响小母线 M708，脉冲变流器 U，执行继电器 K，断路器的控制开关 SA1～SAn，断路器辅助动断触点 QF1～QFn；电阻 R 及熔断器 FU1 组成。

② 音响信号启动　当任一台断路器因事故而跳闸时，接于事故音响小母线 M708 和 -700 之间的任一不对应回路接通（例如断路器 QF1 因事故而跳闸，断路器辅助动断触点 QF1 处于接通状态，与之对应的控制开关 SA1 在"合闸后"位置，其触点 1-3、19-17 接通），在脉冲变流器 U 的一次绕组将出现一个阶跃性的直流电流，U 的二次绕组感应出一个与之对应的尖峰脉冲电流，此电流使执行元件继电器 K 动作。K 动作后去启动音响信号回路。

当变流器 U 一次绕组中的电流达到稳定值后，铁芯中的磁通不再变化，二次绕组回路中的感应电流随即消失，但是音响信号会依靠本

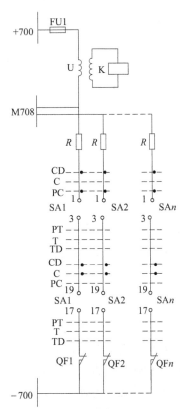

图 7-3　事故音响信号的启动电路

身的自保持回路继续发送，直至音响解除命令发出为止。

③ 重复动作　当前次发出的音响信号被解除，而在 QF1 与 SA1 的不对应回路尚未复归之前，第二台断路器 QF2 又自动跳闸，第二条不对应回路（SA2 的触点 1-3、19-17 与断路器辅助动断触点 QF2 形成的通路）接通，在小母线 M708 和－700 之间又并联一支启动回路，从而使变流器 U 一次侧电流发生变化（每一并联支路中均串有电阻器 R），二次侧又感应出尖峰脉冲电流，使继电器 K 再次启动，多并联一条不对应回路，都会发生以上过程。可见，变流器不仅接收了事故脉冲并将其变成执行元件动作的尖峰脉冲，而且把启动回路与音响信号回路分开，以保证音响信号一经启动，即与启动它的不对应回路无关，从而达到了音响信号重复动作的目的。

2) 冲击继电器的分类及工作原理　目前广泛应用的冲击继电器有以下三种：利用干簧继电器作执行元件的 ZC 系列冲击继电器、利用极化继电器作执行元件的 JC 系列冲击继电器及利用半导体器件构成的 BC 系列冲击继电器。各冲击继电器的内部电路及工作原理如下。

① ZC-23 型冲击继电器的内部电路及工作原理　图 7-4 所示为 ZC-23 型冲击继电器的内部原理接线图。U 为脉冲变流器，KRD 为单触点干簧管继电器（执行元件），KC 为出口中间继电器（多触点干簧管继电器），V1、V2 为二极管，C 为电容器。

干簧管继电器 KRD 的结构原理如图 7-5 所示。干簧管继电器主要由干簧管与线圈组成。

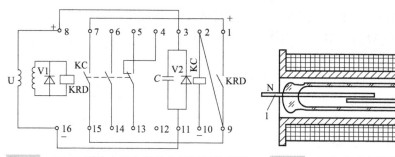

图 7-4　ZC-23 型冲击继电器的内部原理接线图	图 7-5　干簧管继电器的结构原理
	1—舌簧片；2—线圈； 3—玻璃管；4—线圈架

干簧管是一个密封的玻璃管，其舌簧触点是绕结在与弹簧片热膨胀系数相适应的红丹玻璃管中，管内充有氮气等惰性气体。舌簧片由坡莫合金制成，具有良好的导磁性和弹性。舌簧触点表面镀有贵重金属（如金、铑、钯等），以保证良好的通断能力，并延长寿命。当线圈中通入电流时，在线圈内部有磁通穿过，使舌簧片磁化，其自由端产生的磁极性正好相反。当线圈中的电流达到继电器的启动值时，两

簧片靠磁的"异性相吸"而闭合,将外电路接通;当线圈中的电流降低到继电器的返回值时,舌簧片靠自身的弹性返回,使端点断开。干簧管继电器的自由端相互吸引与电源方向无关,动作无方向性。

ZC-23 型冲击继电器的基本原理是:利用串接在直流信号回路的微分变流器 U,将回路中跃变后持续的矩形电流脉冲变成短暂的尖峰电流脉冲,去启动干簧管继电器 KRD,干簧管继电器 KRD 的动合触点闭合,去启动出口中间继电器 KC。微分变流器一次绕组并接的二极管 V2、电容 C 起抗干扰作用;其二次绕组并接的二极管 V1 的作用是把由于一次回路电流突然减少而产生的反向电动势所引起的二次电流旁路掉,使其不流入干簧管继电器 KRD 线圈。因为干簧管继电器动作无方向性,任何方向的电流都能使其动作。

② JC-2 型冲击继电器的内部电路及工作原理 JC-2 型冲击继电器的内部电路如图 7-6 所示。KP 为极化继电器。此继电器具有双位置特性。结构原理如图 7-7

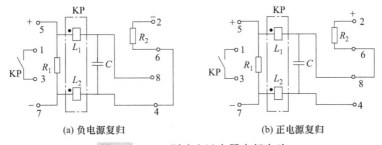

(a) 负电源复归   (b) 正电源复归

图 7-6 JC-2 型冲击继电器内部电路

所示。线圈 1(L_1)为工作线圈,线圈 2(L_2)为返回线圈,若线圈 1 按图示极性通入电流,根据右手螺旋定则,电磁铁 3 及与其连接的可动衔铁 4 的上端呈 N 极,下端呈 S 极,电磁铁产生的磁通与永久磁铁产生的磁通相互作用,产生力矩,使极化继电器动作,触点 6 闭合(图中位置)。如果线圈 1 中流过相反方向电流或在线圈 2 中按图示极性通入电流时,可动衔铁的极性改变,触点 6 复归。

JC-2 型冲击继电器是利用电容充放电启动极化继电器的原理构成的。启动回路动作时,产生的脉冲电流自端子 5 流入,在电阻器 R_1 上产生一个电压增量,该电压增量即通过继电器的两个线圈,给电容器 C 充电,其充电电流使极化继电器动作。当充电电流消失后,极化继电器仍保持在工作位置。其返回有以下两种情况:图 7-6(a)所示为负电源复归,当冲击继电器接于电源正端,并将端子 4 和端子 6 短接,将负电源电压加到端子 2 来复归,其复归电流由端子 5 经 R_1、L_2、R_2 到端子 2,电流是由 L_2 的极性端

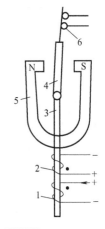

图 7-7 极化继电器
的结构原理

1,2—线圈;
3—电磁铁;4—可动衔铁;
5—永久磁铁;6—触点

流入，所以继电器返回；图 7-6（b）所示为正电源复归，当冲击继电器接于电源负端，并将端子 6 和端子 8 短接，将正电源电压加到端子 2 来复归，其复归电流由端子 2 经 R_2、L_1、R_1 到端子 7，此电流从 L_1 的非极性端流入，所以继电器返回。

此外，冲击继电器还可实现冲击自动复归，即当流过 R_1 的冲击电流突然减小或消失时，在电阻器 R_1 上的电压有一减量，该电压减量使电容器经极化继电器线圈放电，其放电电流使极化继电器返回。

③ BC-Y4、BC-4S 型冲击继电器的内部电路及工作原理　BC-Y4 型冲击继电器的内部电路如图 7-8 所示。

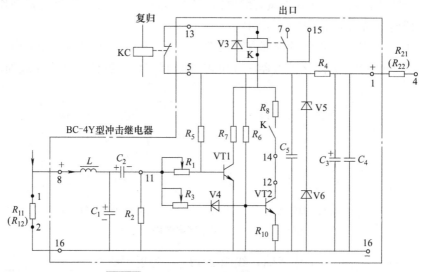

图 7-8　BC-4Y 型冲击继电器的内部电路

图 7-8 中，R_4、C_4、V5、V6 组成稳压电源；电阻器 R_{11}（R_{12}）、R_2，电容器 C_1、C_2 及电位器 R_1、R_3 组成测量部分；继电器 K 及三极管 VT1、VT2 组成出口部分。

BC-Y4 型冲击继电器是利用串接在启动回路中的电阻器 R_{11}（R_{12}）取得电流信号，当总电流信号平均值增加时，从 R_{11}（R_{12}）两端取得的信号经电感 L 滤波后，向电容 C_1、C_2 充电，由于电容 C_1 充电回路的时间常数小，充电快，从而电压 U_{C_1} 上升快，电容 C_2 充电回路的时间常数大，充电慢，从而电压 U_{C_2} 上升慢。在充电过程中，电阻器 R_2 两端出现了电压差 $U_{R_2}=U_{C_1}-U_{C_2}$。当总信号电流增加到一定数值时，电压差 U_{R_2} 使正常时处于截止的三极管 VT1 导通，启动出口继电器 K。当电容器充电过程结束时，两个电容器均充电至稳态电压 U_{R_1}，则 $U_{R_2}=0$，但此时出口继电器 K 通过已处于导通状态的三极管 VT2 自保持（通过电阻器 R_6、R_{10} 的固定分压，VT2 获得正偏压，在出口继电器 K 的动合触点闭合后，VT2 处于饱和导通），从而实现了冲击继电器的冲击启动。

当总的电流信号减小或消失时，电容器 C_1、C_2 向电阻 R_{11}（R_{12}）放电，电阻器 R_2 上产生一个与充电过程相反的电压差，使三极管 VT2 截止，出口继电器 K 因线圈失电而复归，实现了冲击继电器的冲击自动复归。此外，冲击继电器还可以进行定时自动复归和手动复归。

BC-4S 型冲击继电器的内部电路图 7-9 所示。它与 BC-Y4 型冲击继电器的主要区别是三极管 VT1、VT2 改为 PNP 管，将发射极接正电源，其工作原理与 BC-Y4 型冲击继电器相似。

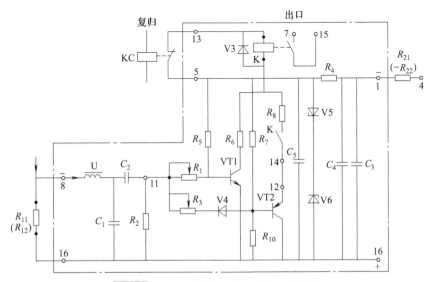

图 7-9 BC-4S 型冲击继电器的内部电路

3）冲击继电器构成的事故音响信号电路

① 由 ZC-23 型冲击继电器构成的中央事故信号电路 ZC-23 型冲击继电器构成的事故音响信号电路如图 7-10 所示。

SB1 为试验按钮；SB3 为音响解除按钮；K 为冲击继电器；KC1、KC2 为中间继电器；KT1 为时间继电器；KVS1 为熔断器监察继电器。其动作过程如下。

a. 事故信号的启动。当断路器发生事故跳闸时，信号电源−700 与事故音响信号小母线 M708 的不对应回路接通，在 T 的一次绕组中有变化的直流电流流过，在 T 的二次绕组中感应出脉冲电动势，在二次绕组回路中形成冲击电流，使 KRD 动作。KRD 动作后，其动合触点闭合，启动出口中间继电器 KC，K 的端子 7 和 15 接通，实现自保持，K 的端子 6 和端子 14 接通，启动蜂鸣器 HAU，发出音响信号。当变流器二次侧感应电动势消失后，干簧管继电器 KRD 线圈中的尖峰脉冲电流消失，即 $\dfrac{\mathrm{d}i}{\mathrm{d}t}=0$，KRD 触点返回，中间继电器 KC 经其动合触点自保持。

b. 事故信号的复归。由出口中间继电器 KC 启动时间继电器 KT1，其延时动

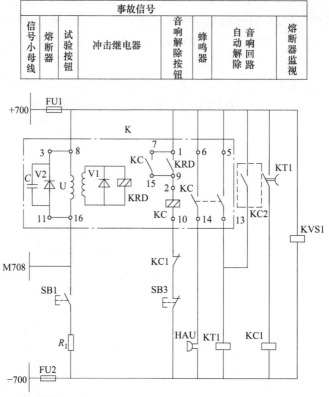

事故信号							
信号小母线	熔断器	试验按钮	冲击继电器	音响解除按钮	蜂鸣器	音响回路自动解除	熔断器监视

图 7-10 ZC-23 型冲击继电器构成的中央事故信号电路

合触点经延时后闭合，启动中间继电器 KC1，KC1 与 KC 线圈串联的动断触点断开，使中间继电器 KC 线圈失电，其 3 对动合触点全部返回，音响信号停止，实现了音响信号的延时自动复归。此时，启动回路的电流虽然没消失，但已达到稳态，干簧管继电器 KRD 不会再启动中间继电器 KC，这样冲击继电器所有元件都复归，准备第二次动作。此外，按下音响解除按钮 SB3，可实现音响信号的手动复归。

当启动回路的脉冲电流信号中途突然消失时，由于变流器 U 的作用，在干簧继电器 KRD 的线圈上产生的反向脉冲被二极管 V1 旁路掉，则 KRD 和 KC 都不会动作。

c. 事故信号的重复动作。大型发电厂和变电站中断路器的数量较多，出现连续事故跳闸的情况是可能的。当第二个事故信号来时，则在第一个稳定电流信号的基础上再叠加一个矩形的脉冲电流。在变流器 U 一次侧电流突变的瞬间，其二次侧又感应出电动势，产生尖峰电流，使 KRD 启动。动作过程与第一次动作相同，即实现了音响信号的重复动作。

d. 音响信号的试验。为了使中央事故信号处于完好的状态，在电路中装设了音响试验电钮 SB1，按下 SB1，冲击继电器 K 启动，蜂鸣器发出音响，再经延时解除音响，从而实现了手动模拟断路器事故跳闸的情况。

e. 事故信号电路的监视. 监察继电器 KVS1 用来监视熔断器 FU1 和 FU2。当 FU1 或 FU2 熔断或解除不良时，KVS1 线圈失电，其动断触点（在预告信号回路）闭合，点亮"事故信号熔断器熔断"光字牌，并启动预告信号回路。

② JC-2 型冲击继电器构成的事故音响信号电路　由 JC-2 型冲击继电器构成的事故音响信号电路如图 7-11 所示。M708 为事故信号小母线；M808 为发遥信事故信号小母线；M7271、M7272 为配电装置事故小母线Ⅰ段和Ⅱ段；SB 为音响解除按钮；SB1、SB3 为试验按钮；K1、K2 为冲击继电器；KC1、KC2 为中间继电器；KT1 为时间继电器；KCA1、KCA2 为事故信号继电器。

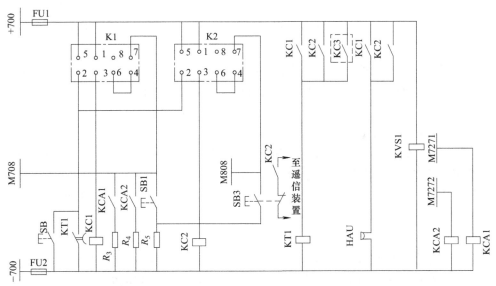

事故信号												
小母线	熔断器	手动复归	自动复归	冲击继电器及中间继电器	试验按钮	遥信冲击继电器及中间继电器	试验按钮	遥信	自动解除	音响回路	蜂鸣器	熔断器监视	6～10kV配电装置事故信号继电器

图 7-11　由 JC-2 型冲击继电器构成的事故音响信号电路

工作原理如下。

此继电器为负电源复归方式。

a. 事故信号的启动. 正常情况下，M708 小母线不带电。当某一断路器因事故跳闸时，接于 M708 和 -700 之间的某一不对应回路接通，使 M708 小母线带负电，产生脉冲电流信号，冲击继电器 K1 动作。K1 动作后，其端子 1 和端子 3 接通，使中间继电器线圈 KC1 带电，KC1 的两对动合触点同时闭合，其中一对动合触点启动蜂鸣器 HAU，蜂鸣器发出音响；另一对动合触点启动时间继电器 KT1。

冲击继电器 K2 动作时，K2 的端子 1 和端子 3 接通，使中间继电器 KC2 线圈带电，KC2 的三对动合触点同时闭合。第一对去启动蜂鸣器 HAU，蜂鸣器发出音响；第二对去启动时间继电器 KT1；第三对启动信号遥信装置。遥信装置发出遥信信号，使调度控制中心能够及时掌握主要设备的运行状态。M808 是专为发遥信装置设置的事故音响小母线。

b. 事故信号的复归。由中间继电器的动合触点 KC1 或 KC2 启动时间继电器 KT1，其触点经延时后闭合，使冲击继电器的端子 2 接负电源，使中间继电器 K1 或 K2 复归，且端子 1 和端子 3 断开，中间继电器 KC1、KC2 失电，断开蜂鸣器和音响信号回路，从而实现了音响信号的延时自动复归。此时，整个回路恢复原状，准备第二次动作。按下音响解除按钮 SB，也可实现音响信号的手动复归。

c. 6～10kV 配电装置的事故信号。6～10kV 线路均为就地控制，如果 6～10kV 断路器事故跳闸，也会启动事故信号。为了简化接线，节约投资，6～10kV 配电装置的事故信号小母线一般设置两段，即 M7271、M7272，每段上分别接入一定数量的启动回路。当 M7271 或 M7272 段上的任一断路器事故跳闸，事故信号继电器 KCA1 或 KCA2 动作，其动合触点 KCA1 或 KCA2 闭合去启动冲击继电器 K1，发出音响信号。另一对动合触点 KCA1 或 KCA2（在预告信号电路中）闭合，使相应光字牌点亮。

音响信号的重复动作、试验及事故信号电路的监视与图 7-10 相似，只是试验按钮 SB3 的动断触点用于当信号回路进行试验时断开遥信装置，避免误发信号。

③ 由 BC-4S 型冲击继电器构成的事故音响信号电路 由 BC-4S 型冲击继电器构成的事故音响信号电路如图 7-12 所示。

M708、M808 为事故音响信号小母线；SB1、SB2 为试验按钮；SB4 为音响解除按钮；K1、K2 为冲击继电器；KC1、KC2、KC 为中间继电器；KT1 为时间继电器；R_{11} 和 R_{12} 为冲击继电器 K1、K2 的信号电阻器；R_{21} 和 R_{22} 为冲击继电器 K1、K2 的降压电阻器。

工作原理如下。

a. 事故信号的启动。断路器事故跳闸后，启动冲击继电器 K1，其出口继电器 K 的第一对动合触点用于自保持，另一对动合触点启动中间继电器 KC1，KC1 的动合触点闭合后启动蜂鸣器 HAU，发出音响信号。断路器事故跳闸需发遥信时，冲击继电器 K2 接受信号，启动其出口继电器 K，第一对动合触点用于自保持，第二对动合触点启动中间继电器 KC2，KC2 的动合触点闭合后，一方面启动蜂鸣器 HAU，发出音响信号，另一方面接通遥信装置，向中央调度所发遥信。

b. 事故信号的复归。中间继电器 KC1 或 KC2 线圈带电后，其动合触点闭合，启动时间继电器 KT1，KT1 的动合触点经延时后闭合启动中间继电器 KC，接在冲击继电器 K1、K2 端子 5 和 13 之间的动断触点 KC 断开，使 K1、K2 冲击继电器复归，音响信号解除，从而实现了音响信号的延时自动复归。按下音响解除按钮 SB4，可实现音响信号的手动复归。

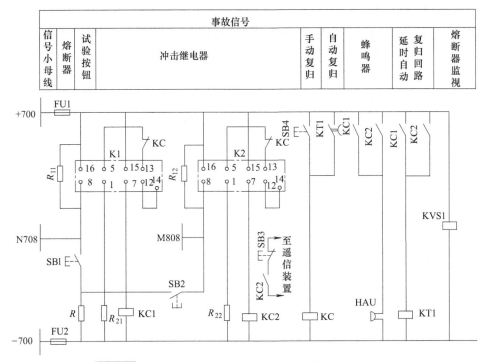

事故信号									
信号小母线	熔断器	试验按钮	冲击继电器			手动复归	自动复归	蜂鸣器	复归回路延时自动	熔断器监视

图 7-12　由 BC-4S 型冲击继电器构成的事故音响信号电路

c. 事故信号的重复动作。在多个不对应回路连续接通或断开事故信号启动回路时，继电器重复动作的过程与 ZC-23 型相似。随着启动回路并联电阻的增大或减小，电阻 R_{11}（或 R_{12}）上的平均电流和平均电压便发生多次阶跃性的递增或递减，电容 C_1、C_2 上则发生多次的充、放电过程，继电器便重复启动和复归，从而实现了事故信号的重复动作。

此外，按下试验按钮 SB1 或 SB2，对信号回路即可进行试验。利用监察继电器 KVS1，进行回路电源失电的监视。

7.2.2　预告信号

预告信号是电气设备出现故障或不正常运行状态时发出的信号，属于"次紧急"信号，预告信号可以帮助值班人员及时发现故障及隐患，以便及时采取措施加以处理，防止事故的发生和扩大。

中央预告信号系统和中央事故信号系统一样，都是由冲击继电器构成，但启动回路、重复动作的构成组件及音响装置有所不同。具体区别有以下几点。

① 事故信号是利用不对应原理将电源与事故音响小母线接通来启动的；预告信号则是利用继电保护出口继电器触点 K 与预告信号小母线接通来启动的。

② 事故信号是由每一启动回路中串接一电阻启动的，重复动作则是通过突然

并入一启动回路（相当于突然并入一电阻）引起电流突变而实现的。预告信号是在启动回路中用信号灯代替电阻启动的，重复动作则是通过启动回路并入信号灯实现的。

③ 事故信号是用蜂鸣器作为发音装置，而预告信号则用警铃。

变电站一般不设延时预告信号，发电厂通常将预告信号分为瞬时预告信号和延时预告信号两种。但运行经验表明，只要将预告信号电路中的冲击继电器带有 0.2～0.3s 的短延时，就既可以满足以往延时预告信号的要求，又不影响瞬时预告信号。下面介绍几种常见的预告信号回路。

（1）由 ZC-23 型冲击继电器构成的中央预告信号电路

由 ZC-23 型冲击继电器构成的中央预告信号电路如图 7-13 所示。M709、M710 为预告信号小母线；SB2 为试验按钮；SB4 为音响解除按钮；SM 为转换开关；K1、K2 为冲击继电器；KC2 为中间继电器；KT2 为时间继电器；KS 为信号

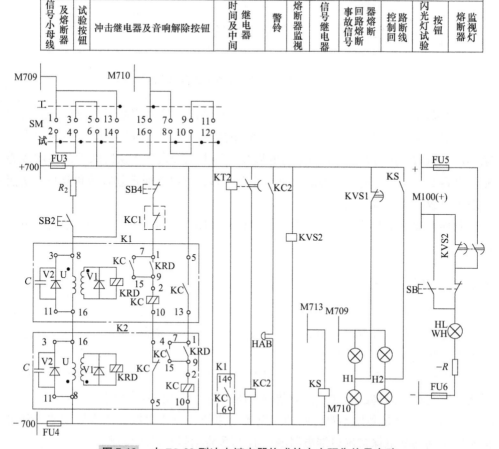

图 7-13 由 ZC-23 型冲击继电器构成的中央预告信号电路

继电器；KVS2 为熔断器监视继电器；HL 为熔断器监视灯；H1、H2 为光字牌；
HAB 为警铃。

由于预告信号设置 0.2～0.3s 的短延时，需使冲击继电器具有冲击自动复归的
特性，以避开某些瞬时性故障时误发信号或某些不许瞬时发出的预告信号。而 ZC-
23 型冲击继电器不具有冲击自动复归的特性，所以本电路利用两只冲击继电器反
极性串联，以实现其冲击自动复归特性。

工作原理如下。

① 预告信号的启动　转换开关 SM 有"工作"
和"试验"两个位置，即图 7-14 中的"工"和
"试"两个位置。将 SM 置于"工作"位置，其触点
13-14、15-16 接通。如果此时设备出现不正常情况，
则图 7-14 的启动电路中相应的继电保护出口继电器
触点 K 闭合，使信号电源＋700 经触点 K 和光字牌
H 分别引至预告信号小母线 M709 和 M710 上。冲
击继电器的变流器 K1-U、K2-U 的一次侧电流突变，
二次侧均感应脉冲电动势。但由于变流器 K2-U 是
反向连接的，其二次侧的感应电动势被其二极管
K2-V1 所短路，因此只有 K1-KRD 动作，其动合触
点闭合启动中间继电器 K1-KC，K1-KC 的一对动合
触点用于自保持，另一对动合触点闭合（即 K1 的端
子 6 和 14 接通），启动时间继电器 KT2，KT2 的触
点经 0.2～0.3s 的短延时后闭合，又去启动中间继

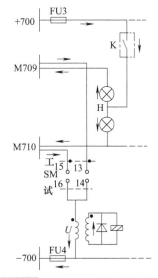

图 7-14　由 ZC-23 型冲击继电器
构成的预告信号启动电路

电器 KC2，KC2 的动合触点闭合接通 HAB 回路，发出音响信号。除铃声之外，还
通过相应的光字牌发出信号，并显示故障性质等。

② 预告信号的复归　如果在时间继电器 KT2 的延时触点尚未闭合之前，继电
保护出口继电器触点已断开（故障消失），则由于交流器 K1-U、K2-U 的一次侧电
流突然减少或消失，在相应的二次侧将感应出负的脉冲电动势，此时 K1-U 二次侧
的感应电动势被其二极管 K1-V1 所短路，只有 K2-KRD 动作，启动中间继电器
K2-KC，K2-KC 的一对动合触点用于自保持，其动断触点断开（即 K2 的端子 4 和
5 断开），切断中间继电器 K1-KC 的自保持回路，使 K1-KC 复归，时间继电器
KT2 也随之复归，预告信号未发出，实现了冲击自动复归。

如果延时自动复归时，中间继电器 KC2 的另一对动合触点（在中央事故信号
回路中）闭合，启动事故信号回路中的时间继电器 KT1，经延时后又启动中间继
电器 KC1，KC1 的动断触点（分别在中央事故信号电路和预告信号电路中示出）
断开，复归事故和预告信号回路的所有继电器，并解除音响信号，实现了音响信号
的延时自动复归。按下音响解除按钮 SB4，可实现音响信号的手动复归。

③ 预告信号的重复动作　预告信号音响部分的重复动作是靠突然并入启动回路光字牌中的灯泡来实现。

④ 光字牌检查　光字牌的完好性可以通过转换开关 SM 的切换来进行。检查时，将 SM 置于"试验"位置，其触点 1-2、3-4、5-6、7-8、9-10、11-12 接通，使预告信号小母线 M709 接信号电源＋700，M710 接信号电源－700（见图 7-15），此时，如果光字牌中指示灯全亮，说明光字牌完好。

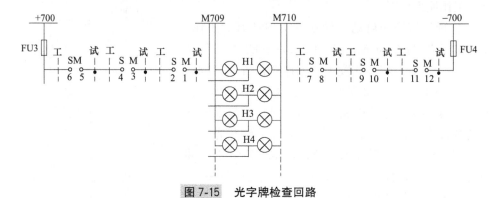

图 7-15　光字牌检查回路

值得注意的是，发预告信号时，光字牌的两灯泡是并联的，灯泡两端电压为电源额定电压，所以光字牌点亮时发亮光；检查时，两灯泡是串联的，灯泡发暗光，且其中一只损坏时，光字牌不亮。

⑤ 预告信号电路的监视　预告信号电路由熔断器监察继电器 KVS2 进行监察。KVS2 正常时带电，其延时断开的动合触点闭合，点亮白色信号灯 WH。如果熔断器熔断、断线或接触不良，其动断触点延时闭合，接通闪光小母线 M100（＋），WH 闪光，表示回路完好性破坏。

（2）由 JC-2 型冲击继电器构成的中央预告信号电路

由 JC-2 型冲击继电器构成的中央预告信号电路如图 7-16 所示。

SB 为音响解除按钮；SB2 为试验按钮；SM 为转换开关；M7291、M7292 为预告信号小母线 I 段和 II 段；M716 为掉牌未复归小母线；K3 为冲击继电器；KC3 为中间继电器；KCR1、KCR2 为预告信号继电器。

工作原理如下。

① 预告信号的启动　与 ZC-23 型冲击继电器构成预告信号相似，当设备出现运行不正常状况时，继电保护装置触点闭合，预告信号启动回路接通，标有异常性质的光字牌点亮，并使冲击继电器 K3 启动，K3 的端子 1 和 3 之间的动合触点闭合后，启动时间继电器 KT2，其延时动合触点经 $0.2\sim0.3s$ 的短延时后闭合，中间继电器 KC3 线圈带电，KC3 启动后，KC3 的动合触点闭合启动警铃 HAB，发出音响信号。

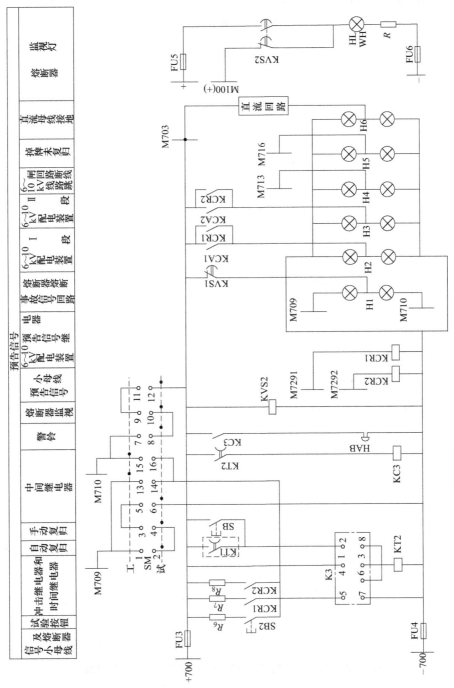

图 7-16　由 JC-2 型冲击继电器构成的中央预告信号电路

② 预告信号的复归 中间继电器 KC3 启动后，其另一对动合触点闭合，启动事故音响信号电路（图 7-11）中的时间继电器 KT1，KT1 的延时动合触点经延时后闭合，使冲击继电器 K3 端子 2 接正电源，冲击继电器 K3 复归，并解除音响信号，实现了音响信号的延时自动复归。当故障在 0.2～0.3s 消失时，由于冲击继电器 K3 的电阻器 R_1 上的电压出现减量，使其冲击自动复归，从而避免了误发信号。

③ 6～10kV 配电装置预告信号回路 M7291 和 M7292 为 6～10kV 配电装置的两段预告小母线，每段上各设一光字牌，其上标有"6～10kVⅠ（或Ⅱ）段"字样。当 6～10kV 配电装置发生异常，预告信号继电器 KCR1 或 KCR2 动作，其动合触点闭合，一对去启动预告信号启动电路发出音响信号；另一对与 KCA1、KCA2 并联后去启动相应光字牌。

本电路音响信号的重复动作、预告信号电路的监视等原理与 ZC-23 型相似。

(3) 由 BC-4Y 型冲击继电器构成的中央预告信号电路（见图 7-17）

预告信号									
信号及熔断器小母线	试验按钮	冲击继电器	音响解除	警铃	自动延时复归	手动复归	自动复归	熔断器监视	预告信号熔断器监视 视灯

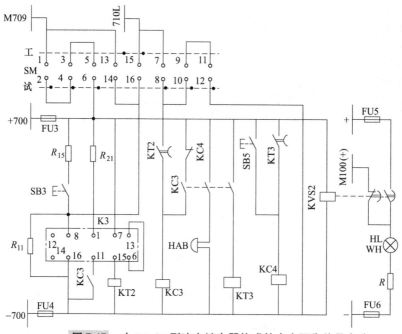

图 7-17 由 BC-4Y 型冲击继电器构成的中央预告信号电路

SB3 为试验按钮；SB5 为音响解除按钮；K3 为冲击继电器；KC3、KC4 为中间继电器；KT2、KT3 为时间继电器。

工作原理如下。

① 预告信号的启动　当设备发生故障出现运行不正常状况时，预告信号启动回路接通，光字牌点亮，同时冲击继电器 K3 启动，则 K3 中的出口继电器 K 的动合触点闭合，启动时间继电器 KT2，KT2 的动合触点经 0.2～0.3s 的短延时后闭合，启动中间继电器 KC3。KC3 的第一对动合触点形成其自保持电路；第二对动合触点闭合，启动警铃 HAB，发出音响信号。

② 预告信号的复归　KC3 的第三对动合触点闭合短接冲击继电器端子 11 和 16 之间的电阻器 R_2，使冲击继电器经 KT2 延时 0.2～0.3s 后，自动复归；第四对动合触点闭合后启动时间继电器 KT3，KT3 的动合触点延时启动中间继电器 KC4，KC4 的动断触点断开，切断 KC3 的自保持回路，并解除音响，实现了音响信号的延时自动复归。按下音响解除按钮 SB5，可实现音响信号的手动复归。

当故障在 0.2～0.3s 消失时，由于冲击继电器也具有冲击自动复归的特性，所以音响信号不能发生，避开了由于某些瞬时性故障而误发信号。在发生持续性故障时，从以上分析可以看出，经 0.2～0.3s 发出音响信号，并同时实现了继电器 K 的自动复归。

本电路音响信号的重复动作、预告信号电路的监视等原理与 ZC-23 型相似，不再讨论。

7.3　发电机指挥信号

发电机指挥信号装置是用于主控制室和汽机房之间彼此传送命令和机组运行状态的。每一机组都应有一套完整的指挥信号系统。在主控制室的发电机控制屏（台）上和汽机房汽机控制屏上，各装设一套发送和接收命令的指挥信号装置。

图 7-18 所示为发电机指挥信号回路。图中，1ZXA～14ZXA 为带自保持线圈的按钮，就地按下其自身线圈带电吸住按钮，用于发送联系信号，1H1～14H1 为安装于主控制室发电机控制屏上的光字牌；1H2～14H2 为安装于汽机房控制屏上的光字牌。光字牌标有联系信号内容，每两只串联的光字牌所标内容相同。2SB 和 1SB 为复位按钮，分别装于主控制室和汽机房的控制屏上。由主控制室向汽机房发送信号时，主控制室人员先按下 1ZXA。1ZXA 按下同时接通蜂鸣器 HAU、光字牌 1H1 和 1H2 及按钮自保持线圈的电路。1H1、1H2 光字牌显示"注意"。汽机房运行人员听到蜂鸣器并看到"注意"字幕后，按下 1SB，1ZXA 线圈失电并复归，音响停止，光字牌熄灭，表示在等待主控制室发出的联系信号。接着，主控制室人员可按照发送的信号内容按下相应信号按钮。

同理，若汽机房需要向主控制室发送信号，首先按下 9ZXA，中间继电器 ZXJ 动作，主控制室发出音响，再按相应的按钮。

主控制室发给汽机房的信号一般有注意、增负荷、减负荷、发电机已并列、发

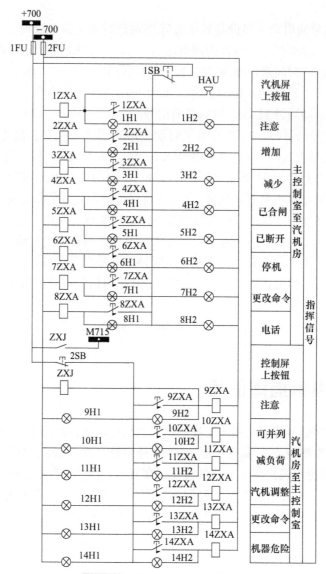

图 7-18 发电机指挥信号回路

电机已解列、停机、更改命令、电话等；汽机房发给主控制室的信号一般有注意、减负荷、汽机调整、更改命令、机器危险等。

第8章
发电机及变压器的二次回路

8.1 发电机的二次回路

8.1.1 MLZ-1CW 型无刷励磁系统的控制回路

励磁系统是提供同步发电机可调励磁电流装置的组合，包括励磁电源装置、自动调整励磁装置、手动调整励磁装置、自动灭磁装置、励磁绕组过电压保护装置和上述装置的控制、信号、测量仪表灯。励磁系统是同步发电机组的重要构成部分。

MLZ-1CW 型无刷励磁系统，由双通道调节部分与无刷励磁机组成。无刷励磁机的电枢与发电机同轴旋转，它发出的三相交流电，经二极管桥整流后，直接送至发电机转子绕组 LGE，励磁机电枢与发电机转子之间的连接不需滑环、碳刷，无转动接触部分。

MLZ-1CW 型无刷励磁系统控制回路如图 8-1 所示。图中虚线框内为安装于调节器内部的设备。

工作原理如下。

(1) "近控"与"远控"的切换

双通道励磁系统由两个独立的单通道系统组成，通道 I 为"电压调节通道"，通道 II 为"通道控制及监视单元"。两个系统安装于不同的位置，机械上相互隔离。而输出回路并联后接至励磁机的励磁绕组 LEE。励磁系统 I 通道与 II 通道的投、退切换及"增磁"与"减磁"操作，可在励磁屏前"就地"操作，也可在发电机控制屏前"远控"操作。为了避免操作紊乱，控制回路设置了禁止在两地同时操作的切换开关 S85。当 S85 置于"远控"位置时，其触点 1-2 接通，3-4 断开，在中控室才能获得操作正电源并进行操作。此时，在励磁屏处的操作因正电源被切断而不能进行。同理，当 S85 置于"近控"位置时，因其触点 1-2 断开，3-4 接通而只能在励磁屏前进行上述操作。

励磁系统起励操作，灭磁开关 Q03 的操作，以及逆变操作，均不受切换开关 S85 的限制。

(2) 灭磁开关 Q03 的控制回路

由于灭磁开关主触头用于控制励磁机的励磁回路，回路电流比较小，跳、合闸功率也比较小，合闸和跳闸是利用同一电磁线圈内电流方向的改变来实现的。灭磁开关跳、合闸的操作方法与一般高压断路器的操作方法相同。当发出合闸命令时，SAC 把手置于"合闸"位置，中间继电器 K010 动作（此时 K012 处于失磁返回状态）使线圈 Q03 正极性接入电源，电流由其 A1 端流入线圈，使灭磁开关合闸。合闸后，其辅助触点启动中间继电器 K84，红灯 HR 稳亮，K010 返回。当发出跳闸命令时，SAC 把手置于"跳闸"位置，中间继电器 K012 动作（此时 K010 处于返回状态），使线圈 Q03 反极性接通电源，电流由 A2 端流入线圈，使灭磁开关跳闸。跳闸后 K012 返回，绿灯 HG 稳亮。

(3) 励磁系统投入运行的操作（起励操作）

合上电压互感器刀闸，合上投退操作开关，试验切换开关置"投入"位置，工作励磁电源回路切换开关置"自励"位置，合上励磁电源刀闸，合上灭磁开关 Q03，则发电机在额定转速下自动起励并使发电机自动保存额定电压。

如果电机剩磁太小，发电机定子电压不能上升，即不能自动起励时，则需要用外界电源起励。方法是按下"起励"按钮 SB1 并保存约 3s。当 SB1 接通时，中间继电器 K30 和时间继电器 K001 同时动作。K30 动作后使二极管整流电源开关 K30-1 自动接通，外界电源经 K30-1 及整流二极管送至励磁机的励磁绕组 LEE，当发电机端电压升至接近 $80\%U_N$ 时，Ⅰ通道自动开放（Ⅰ通道输出晶闸管导通）。同时，中间继电器 KA0-40 触点切断 K30 的线圈电源，使 K30-1 自动断开，即切断外界起励电源，起励成功。若起励不成功（发电机端电压不能升起），SB1 接通时间到达 2s 时，时间继电器 K001 的动断触点切断 K30 线圈电源，使开关 K30-1 断开，不再继续起励。与此同时，K001 的动合触点接通中间继电器 K008 线圈电源，使 K008 动作并发出"起励失败"光字牌。

(4) 运行通道转换

按照正常操作程序，发电机起励后，调节器中间继电器接点 KM1-41 闭合，Ⅰ通道运行。中间继电器 K21 处于励磁动作状态，K22 处于失磁返回状态。调节器屏前指示灯 H20 亮，主控室光字牌"Ⅰ通道运行"亮。如果要转为Ⅱ通道运行，仅按一下按钮 S21（或 SB4）就完成了转换操作。当按下此按钮时，中间继电器 KMO-87 动作，接点 KM1-42 接通，中间继电器 K22 动作，K21 返回，调节器屏前指示灯 H21 亮，主控制室光字牌"Ⅱ通道运行"亮。同理，从Ⅱ信道转为Ⅰ信道运行，仅需按一下按钮 S20（或 SB3）即可。

(5) 增磁与减磁操作

在运行中，根据系统需要可手动调节发电机的励磁电流。S03、SB5 为增磁按钮，S04、SB6 为减磁按钮。当按下"增磁"按钮时，中间继电器 KA0-85 动作，使调节器输出晶闸管触发角改变并增大输出电流，同时主控室指示灯 HL1 亮；当按下"减磁"按钮时，晶闸管输出电流减少，同时 HL2 灯亮。

(6) 励磁控制回路与外部设备相连的回路

励磁系统的运行状况，与发电机、汽轮机（或水轮机）等设备息息相关，它们之间的相互联动干预作用主要是通过二次回路来实现。图 8-1 所示的控制回路与外部设备的连接主要有以下几项。

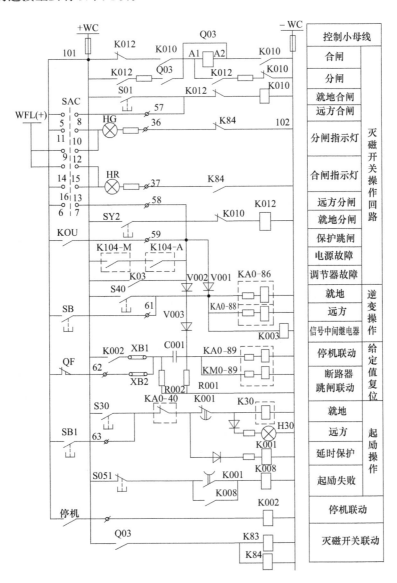

图 8-1

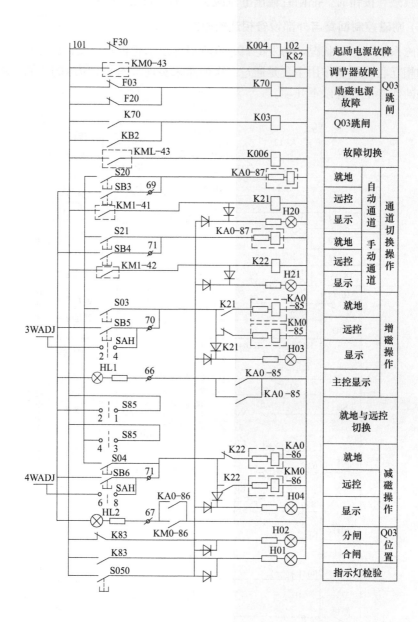

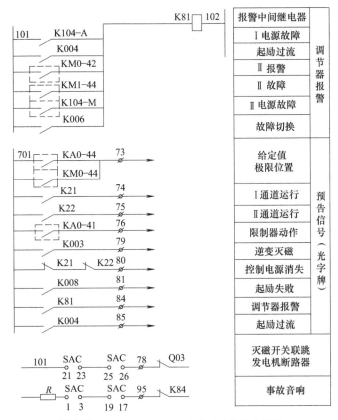

图 8-1　MLZ-1CW 型无刷励磁系统控制回路

① 保护联跳回路　当发电机继电保护装置动作跳开出口断路器时，其装置的出口中间继电器 KOU 动合触点接通灭磁开关跳闸回路的正电源（由端子 59 引入），使励磁通道逆变灭磁并跳开灭磁开关。

② 给定值复位　为了防止发电机出口开关突然跳闸引起机端电压升高，调节器内装设了给定值复位单元。当发电机出口断路器跳闸时，不论何种原因跳闸，断路器辅助触点接通给定值复位回路正电源（由端子 62 引入），中间继电器 KA0-89、KM0-89 动作，使调节器数字给定单元复位。如果自动信道运行，则发电机端电压限制在 $100\%U_N$ 以下；如果是手动通道运行，则发电机端电压限制在 $70\%U_N$ 以下。给定值复位时并不需要退出励磁系统，而灭磁开关跳闸时必须将给定值复位。所以两回路经二极管 V002、V003 连接，用于隔离正电源，防止给定值复位引出逆变灭磁及灭磁开关跳闸。

③ 停机联动　当发出停机命令时，停机联动回路接通，中间继电器 K002 动作，使给定值复位。

④ 自动准同期调节　切换开关 SAH 作为自动准同期调节回路投、退之用。当 SAH 置于"投入"位置时，其触点 2-4、6-8 接通，自动准同期装置经同期调压小

母线 3WADJ、4WADJ 调节发电机电压。当 SAH 置于"退出"位置时，触点 2-4、6-8 断开，停止自动准同期装置调节。

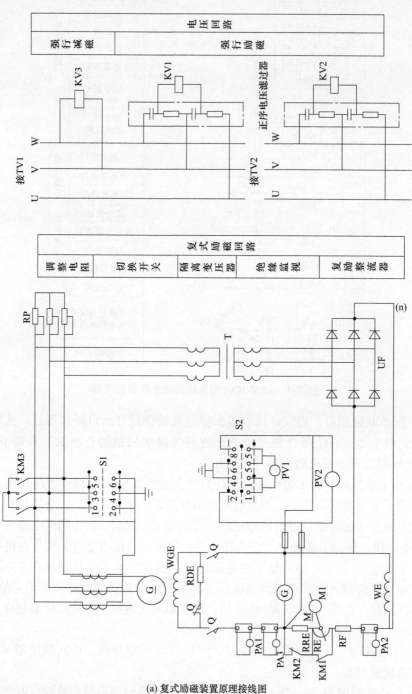

(a) 复式励磁装置原理接线图

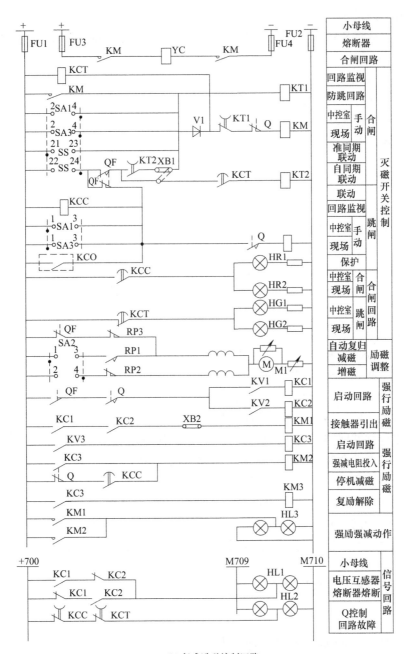

(b) 复式励磁控制回路

图 8-2　复式励磁系统控制、测量及信号原理接线图

⑤ 灭磁开关联跳发电机出口断路器　励磁系统正常运行状态下，灭磁开关操作把手 SAC 置于"合闸后"位置，其触点 21-23、25-26、1-3、19-17 接通。灭磁开关 Q03 一旦跳闸，Q03 的动断辅助触点接通，使发电机出口断路器跳闸，以防

止发电机无励磁并入电力系统。与此同时，K84 的动断触点接通中央信号事故音响，值班人员将 SAC 把手置于"跳闸后"位置，则联跳回路和事故音响回路均被切断。

⑥ 励磁系统退出运行的操作　在操作之前，先检查确认发电机出口断路器已断开，然后进行以下操作：按下"逆变"按钮，随即操作 SAC 跳开灭磁开关，然后拉开刀闸，将试验切换开关置"切除"位置，投退操作开关置"退出"位置，拉开电压互感器刀闸操作结束。

8.1.2　复式励磁系统控制、测量及信号原理接线图

图 8-2 所示为复式励磁系统控制、测量及信号原理接线图。由原理接线图和控制回路组成，复励装置由发电机出口电流互感器引出电流，经隔离变压器 T 和复励整流器 UF 整流，供给直流励磁机励磁绕组 WE。下面分别介绍有关回路。

① 测量表计。表计 PA1、PA2、PV1、PV2 装在励磁屏上、PA3 装在中控室。PA1、PA3 为发电机励磁电流表；PA2 为直流励磁机电流表；PV1 为绝缘监视表、PV2 为发电机的励磁电压表。

② 灭磁开关的控制回路。灭磁开关的控制有现场及远方两种方式，现场控制通过 SA3 在励磁控制屏上进行；远方控制通过 SA1 在中控室进行。此回路能满足发电机准同期和自同期操作要求。准同期通过同期开关 SS 联动合灭磁开关；自同期时利用发电机出口断路器 QF 辅助动合触点联动合灭磁开关。

③ 继电强励回路。电压回路由两只正序电压滤过器和两只低电压继电器组成。

④ 继电强减回路。电压回路采用一只过电压继电器 KV3，当 KV3 动作启动 KC3 时，KC3 动合触点闭合，启动接触器 KM3，KM3 动作触点闭合后，短接励磁用电流互感器，从而实现了复励的解除。

⑤ 励磁调整回路。在现场通过 SA2 可以操作磁场变阻器的控制发电机，实现增磁或减磁功能。当发电机出口断路器跳闸时，电动机开至最大，把励磁电流调到最小。

⑥ 信号回路。设有电压互感器断相信号与控制回路故障信号。

8.2　变压器的二次回路

8.2.1　强迫油循环风冷却器控制回路

主变压器的冷却方式有自然风冷却、强迫油循环风冷却、强迫油循环水冷却和强迫油循环导向冷却。冷却器的作用是降低变压器的油温，使变压器能长期满负荷运行。小容量变压器一般采用自然风冷却方式；变电所的大容量主变压器一般采用强迫油循环风冷却变压器；在电厂里因水源充足，强迫油循环水冷却及强迫油循环风冷却变压器均有采用。这里介绍强迫油循环冷却二次回路。

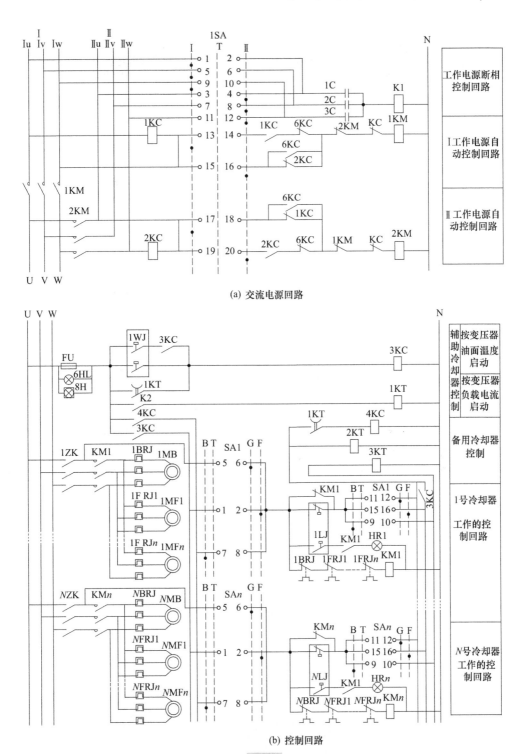

(a) 交流电源回路

(b) 控制回路

图 8-3

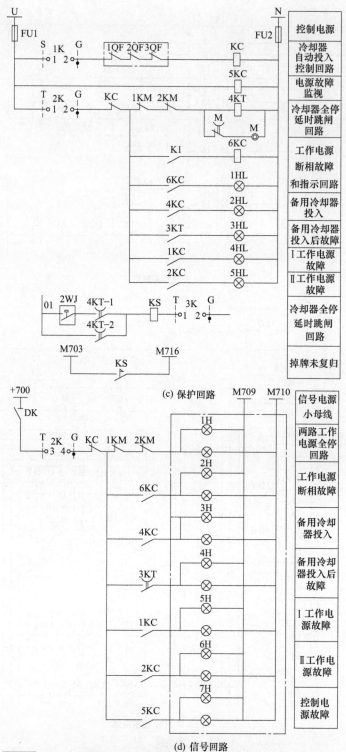

(c) 保护回路

(d) 信号回路

图 8-3　强迫油循环风冷却变压器的冷却器和风扇电动机二次回路

图 8-3 所示为强迫油循环风冷却装置二次回路的其中一种。工作电源电压为 380/220V、三相四线制，可控制 4~14 台冷却器。工作原理如下。

(1) 工作电源的自动控制

先将图（c）中的开关 1K、2K、3K 手柄打到"工作位置"，接通控制和信号电源。当两回路工作电源供电后，继电器 1KC 和 2KC 的线圈励磁，其动合触点闭合，动断触点断开。

如果指定"Ⅰ"电源工作，应将 1SA 开关手柄置于"Ⅰ"位置。此时 1SA 的触点 13-14 接通，接触器 1KM 线圈励磁，其主触点接通"Ⅰ"回路工作电源。1KM 的动断触点与 2KM 线圈串联的作用就是当 1KM 启动时，2KM 不启动，所以"Ⅱ"电源不工作，处于备用状态。

如果"Ⅰ"电源在运行过程中由于某种原因，其中一相断开时，继电器 K1 启动，其动合触点闭合使继电器 6KC 启动，6KC 接在 1KM 线圈回路的动断触点断开，1KM 线圈失电，其主触点打开，"Ⅰ"工作电源断开。与此同时 6KC 接在 2KM 线圈回路的动合触点闭合，2KM 线圈励磁，"Ⅱ"工作电源接通。

如果"Ⅰ"工作电源电压消失，继电器 1KC 失电，其接在 1KM 线圈回路的动合触点断开，使 1KM 线圈失电，"Ⅰ"工作电源断开。同时 1KC 接在 2KM 线圈回路的动断触点闭合，2KM 线圈励磁，"Ⅱ"工作电源接通。

如果指定"Ⅱ"电源工作，只要将 1SA 手柄置于"Ⅱ"工作位置，工作原理同上。

(2) 冷却器控制

每组冷却器有工作、辅助、备用、停止四种状态。在投入运行前，应根据具体情况确定各组冷却器的状态。

① 工作冷却器控制　在变压器运行前，首先将指定为工作冷却器的转换开关手柄打到"工作"位置，同时将工作冷却器对应的自动开关（1ZK~NZK）合上，接通电源。此时工作冷却器对应的接触器（KM1~KMn）线圈励磁，变压器油泵及变压器风扇投入运行。工作冷却器中的变压器油开始流动，当流速达到规定值时，装在冷却器联管上的流动继电器（1LJ~NLJ）动作，相应的红色信号灯（HR1~HRn）亮，显示该冷却器正常运行。

如果油泵或风扇发生故障时，接触器 KM1~KMn 线圈断电，工作冷却器停止工作。

当冷却器油流速度低于规定值，流动继电器 1LJ~NLJ 动合触点打开，使信号灯熄灭，表示冷却器内部管路故障。1LJ~NLJ 的动断触点闭合，自动投入备用冷却器。

② 辅助冷却器控制　在变压器运行前，将指定为辅助冷却器的转换开关手柄置于"辅助"位置，并将控制辅助冷却器的自动开关合上。辅助冷却器的投入有两

种情况。

a. 根据变压器的温度投入辅助冷却器。变压器运行中，当顶层油温上升到第一上限的规定值时，$1WJ_{1-2}$闭合，但此时辅助冷却器不能启动。当油温上升到第二上限的规定值时，$1WJ_{3-4}$闭合，使辅助冷却器投入运行。当顶层油温下降到稍低于第二上限的规定值时，$1WJ_{3-4}$断开，但这时辅助冷却器继续运行，直到顶层油温下降到稍低于第一上限的规定值时，$1WJ_{1-2}$断开，辅助冷却器退出运行。

b. 根据变压器负荷投入冷却器。当变压器过负荷电流达到规定值时，电流继电器 K2 动合触点闭合，时间继电器 1KT 延时动作，投入辅助冷却器。

当辅助冷却器故障时，和工作冷却器一样，启动备用冷却器控制回路，投入备用冷却器。

③ 备用冷却器控制　变压器运行前，将确定为备用冷却器的转换开关手柄置于"备用"位置，并将控制备用冷却器的自动开关合上。当工作或辅助冷却器故障时，自动投入备用冷却器。

(3) 冷却器全停时变压器的保护回路

当两回工作电源均发生故障时，冷却器全停，时间继电器 4KT 启动，10min（变压器容量为120MV·A以上）或20min（变压器容量为 120 MV·A 以下）后，4KT-1 触点闭合。此时，若变压器顶层油温达到 75℃，则 2WJ 闭合，接通变压器跳闸回路，使变压器跳闸停运。若变压器顶层油温未到 75℃，则变压器可继续运行 60 min，4KT-2 触点闭合，接通变压器跳闸回路，使变压器跳闸停运。

(4) 信号回路

在风冷却器控制箱内，除装设工作电源监视灯、风冷却器正常工作状态或故障的监视灯外，还设有故障信号字牌。为了实现远距离控制，在主控制室内装设同样信号。

8.2.2　变压器有载调压回路

变压器有载调压回路如图 8-4 所示。操作过程如下。

变压器升压操作，由一级切换到 N 级。

① 首先合上电动机保护开关 A3，使控制和电动机电源带电，继电器 2KC 动作（电源 U→B10→B7→1KM→2KM→KT→1KC→2KC→B9→B8→电源 N）。

② 启动时，按启动按钮 2SB，接通控制电源，接触器 1KM、3KM 动作，电动机开始转动，此时有关回路的动作情况如下。

接触器 1KM 的触点闭合，使 1KM 自保持。1KM 的动断触点分别断开 2KC 和 2KM 回路，1KM 的电源触点闭合。接触器 3KM 的触点闭合，使 3KM 自保持。3KM 另一触点闭合，启动时间继电器 KT，KT 触点闭合，为惯性制动做准备，3KM 的动断触点断开，确保电动机启动时 3KC 回路开断，3KM 电源触点闭合，

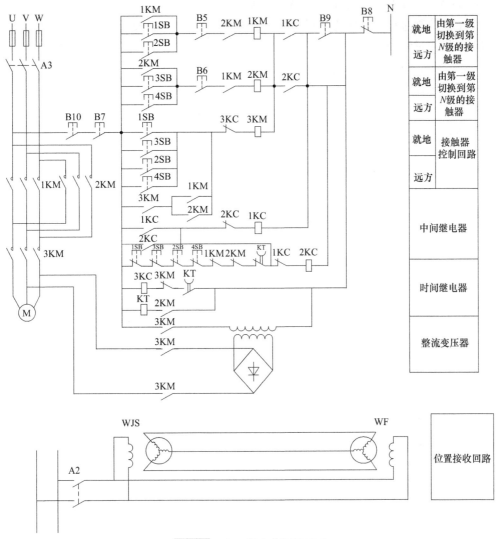

图 8-4　变压器有载调压回路

使电动机运转。

③ 停止时，转换开关 B9 在快速步进机构动作下，其触点断开，中间继电器 1KC 及接触器 1KM 失压，电动机的电源被切断并开始作惯性转动；B9 触点重新闭合，为下次变换做准备。

④ 制动，接触器 3KM 失压后，电源触点将电动机电源断开，3KM 的动断触点返回，使继电器 3KC 启动，其触点闭合，经由变压器和整流器向电动机定子输入直流电源，使电动机迅速停止转动。KT 延时触点断开，继电器 3KC 失压，电路恢复原状。

⑤ 每变换一次位置必须按动按钮 2SB 一次。2SB、4SB 按钮分别控制电动机接

触器 1KM 和 3KM 或 2KM 和 3KM，从而控制有载调压开关两个方向的变换。

上述控制过程是升压方向的变换。通过操作按钮 4SB 及有关反向回路来实现降压，操作过程同上。

⑥ 1SB、3SB 为放在控制台上的远方操作按钮，按动 1SB（或 3SB）可远方操作有载调压开关的分接位置。

⑦ WF 和 WJS 分别为自整角机发送和接收位置指示器。WF 与变压器的调压抽头机械连接，接收位置指示 WJS 装在控制室的控制屏上。变压器抽头的变化改变发送机的同步绕组磁场，接收机则同步地接收了变压器的抽头变化情况。

第 9 章
操作电源

9.1 概述

发电厂和变电站中的控制、信号、测量、继电保护、自动装置等设备的用电，要求有可靠和稳定的电源系统，即使在发电厂和变电站全部停电的情况下，也要保证上述负荷的可靠供电。因此，在发电厂和变电站中，采用直流电源和交流电源作为可靠的供电电源系统。

9.1.1 对操作电源的基本要求

① 应保证供电的可靠性。最好装设独立的直流操作电源，避免交流系统故障时，影响操作电源的正常供电。

② 应具有足够的容量。以满足正常运行、异常运行及事故时，负荷对直流电源输出功率的要求。

③ 保证供电质量。在正常运行时，供控制负荷用电的直流电源母线电压，允许电压波动范围为$-15\%\sim+10\%$额定电压；供动力和事故照明负荷用电的直流电源母线电压，允许电压波动范围为$-10\%\sim+10\%$额定电压。事故时的直流电源母线电压不低于90%额定值；失去浮充电源后，在最大负荷下的直流电源母线电压不低于80%额定值。

④ 纹波系数小于5%。

⑤ 操作、运行维护使用方便；使用寿命长；设备投资、布置面积等应合理。

9.1.2 操作电源的分类

发电厂和变电站的操作电源，按电源性质分为直流操作电源和交流操作电源；按电压等级分为强电电源（220V 和 110V）和弱电电源（48V 以下）两种类型。

(1) 直流操作电源

直流操作电源分为独立操作电源和非独立操作电源。独立操作电源包括蓄电池和电源变换式直流操作电源两种。非独立操作电源包括复式整流和硅整流电容储能直流操作电源两种。

① 蓄电池直流电源　蓄电池是一种可以重复使用的化学电源，充电时，将电能转化为化学能储存起来，放电时，又将储存的化学能转变为电能送出。若干个蓄电池连接成蓄电池组。这种电源是由蓄电池组、充电器及直流屏等构成的。即便在全厂（站）事故停电时，交流电源消失的情况下，仍能在一定时间内维持可靠供电。它是发电厂和变电站常用的操作电源。

② 电源变换式直流电源　图 9-1 所示为电源变换式直流电源框图，由可控整流装置 U1、48V 蓄电池 GB、逆变装置 U2 和整流装置 U3 组成。

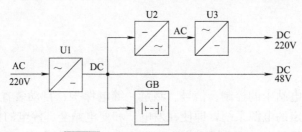

图 9-1　电源变换式直流电源框图

正常运行时，220V 交流电源，经过可控整流装置 U1 变换为 48V 的直流电源，作为全厂（站）的 48V 直流电源；并对蓄电池 GB 进行充电或浮充电；同时经过逆变装置 U2 将 48V 直流电源变为交流电源，再经过整流装置 U3 变换为 220V 直流输出。

事故情况下，交流 220V 电源电压下降或消失，蓄电池 GB 向逆变装置 U2 供电，使可控整流装置 U3 能够输出 220V 直流，从而保证了重要负荷的连续供电，供电时间的长短取决于 48V 蓄电池组的容量，适用于中、小型变电站。

③ 复式整流直流电源　图 9-2 所示为复式整流直流电源框图。复式整流装置由电压源Ⅰ和电流源Ⅱ两部分组成。

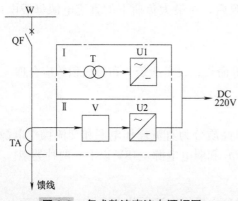

图 9-2　复式整流直流电源框图

正常运行状态下，由厂（站）用变压器 T 的输出电压（电压源Ⅰ）经整流装置 U1 整流输出直流电源向控制、信号和保护等操作电源供电。

事故状态下，由电流互感器的二次短路电流，通过铁磁谐振稳压器变为交流电压，经整流装置 U2 整流输出直流电压作为事故电源，给保护装置、断路器跳闸等重要负荷提供紧急电源。

复式整流直流电源依靠系统的交

流电源，所以是非独立电源。

④ 硅整流电容储能直流电源　硅整流电容储能直流电源是一种非独立式的直流电源。由硅整流设备和电容器组组成。

在正常运行时，厂（站）用交流电经硅整流设备变换为直流电源，作为全厂的操作电源并向电容器充电。

事故情况下，可利用电容器正常运行存储的电能，向重要负载（继电保护、自动装置和断路器跳闸回路）供电。

(2) 交流操作电源

交流操作电源直接使用交流电源。一般由电流互感器向断路器的跳闸回路供电；由厂（站）用变压器向断路器的合闸回路供电；由电压互感器（或厂用变压器）向控制、信号回路供电。

适用于不重要的终端变电站，或用于发电厂中远离主厂房的辅助设施。

9.1.3　直流负荷的分类

发电厂和变电站的直流负荷，按其用电特性可分为经常性负荷、事故负荷和冲击负荷三种。

(1) 经常性负荷

要求直流电源在正常和事故工况下均应可靠供电的负荷。经常性负荷包括以下几类

① 信号装置。包括信号灯、位置指示器、光字牌以及各类信号报警器等。这类装置在所有工况下部分或全部处于工作状态，因此都应有可靠的直流电源供电。

② 继电保护和自动装置。继电保护和自动装置的作用，是在电力系统故障时，有效地切除故障，把故障限制在最小的范围内；以最短的时间恢复供电。这类装置在正常和事故时需要可靠的电源，以保证其动作的正确性和可靠性。

③ 电气和热工控制操作装置。这类装置包括电气开关设备跳合闸控制装置和热力设备的操作设备。这类设备不仅在操作时要求有可靠的足够功率的电源，且在非操作状态下，也要求有可靠的电源，为其辅助元件供电。

④ 电气和热工仪表。目前在发电厂、变电站中广泛采用以集成电路或微机为基础的仪表装置，这类装置要求有可靠的辅助电源，以保证测量仪表的正常工作和检测的准确性。

⑤ 经常照明。在事故停电时，为确保控制室等重要工作场所能正常工作，应设置由直流电源供电的经常性照明。

⑥ 其他辅助设备。为保证电气和热控设备能安全可靠地工作，通常设置必要的辅助性继电器，如切换继电器、闭锁继电器、电源监视继电器等。

(2) 事故负荷

指发电厂或变电站在交流电源消失后，全厂（站）停电状态下，必须由直流电

源供电的负荷。事故负荷包括以下几类。

① 事故照明。指在正常照明因事故停电而熄灭后，供处理事故和安全疏散用的照明。当有保安电源时，只有部分事故照明由直流电源供电。对没有保安电源的发电厂和变电站，全部事故照明均由直流电源供电。

② 直流油泵电动机。在火电厂中，这类直流负荷主要有汽轮机直流润滑油泵、氢冷发电机密封油泵、汽动给水泵直流润滑油泵等直流电动机。

③ 不停电电源。指在交流电源事故停电的情况下，给不允许间断供电的交流控制负荷供电的电源。交流不停电电源装置，由厂用保安段供电，当厂用交流电源中断时，则由蓄电池组经逆变器供电。因此，不停电电源装置也是直流电源的事故负荷之一。

④ 通信备用电源。在发电厂和变电站中，通信系统一般设有独立的通信电源，作为正常工作电源。为保证通信系统的可靠性，在无专用蓄电池组时，通常由直流系统引接备用电源。

⑤ 信号和继电保护装置。在经常负荷中所述的信号装置、继电保护和自动装置等直流负荷为正常消耗一定功率的负荷，其容量较小。在事故状态下，与事故相关的信号装置、继电保护和自动装置都将动作，瞬时所消耗的功率将有所增加。所以，除统计正常情况下信号装置、继电保护和自动装置的功率消耗外，还要合理统计这些装置在事故状态下的功率消耗。

(3) 冲击负荷

冲击负荷是指在极短的时间内施加的很大的负荷电流，如断路器的合闸电流等。冲击负荷可能出现在事故初期、事故末期或事故过程中。

① 事故初期冲击负荷。事故初期冲击负荷是指在交流电源消失后 1min 内的全部直流负荷。这些负荷包括：各种直流油泵的启动电流，厂用电源切换时的断路器跳、合闸电流，需要切除的厂用电动机的断路器跳闸电流，所有在停电过程中需要动作的继电器、信号装置以及其他热工保护自动装置等。

在发电厂中，事故初期负荷较大，而且蓄电池容量往往决定于该阶段的负荷。在变电站中，该放电阶段负荷较小。

② 事故末期冲击负荷或随机冲击负荷。该类冲击负荷主要指电磁操作机构的断路器合闸电流。该类负荷可作用于放电过程的任一时刻，但为了保证断路器的可靠合闸，通常人为地选择在阶梯负荷某一最严重的放电阶段的末期，也就是选择在蓄电池端电压最低的时候。

9.2 蓄电池直流系统

蓄电池是一种可以重复使用的化学电源，它能将电能转变为化学能储存起来，使用时再把化学能转变为电能供给负荷。

蓄电池按电解液不同可分为酸性蓄电池和碱性蓄电池两种。

酸性蓄电池常采用铅酸蓄电池。酸性蓄电池的端电压较高（2.15V），冲击放电电流较大，适用于断路器跳、合闸的冲击负载。但是酸性蓄电池寿命短，充电时溢出有害的硫酸气体。因此蓄电池室需设较复杂的防酸和防爆设施。碱性蓄电池占地面积小、寿命长、维护方便，无酸气腐蚀，但事故放电电流小。碱性蓄电池有铁镍、镉镍等几种。

9.2.1 蓄电池的容量及放电率

蓄电池的容量（Q）是蓄电池蓄电能力的重要标志，单位用 A·h（安·时）表示。容量的安时数就是蓄电池放电到某一最小允许电压的过程中，放电电流的安培数和放电时间的乘积，即 $Q=It$。蓄电池容量一般分为额定容量和实际容量两种。

(1) 额定容量

额定容量是指充足电的蓄电池在 25℃时，以 10h 放电率放出的电能，即

$$Q_N = I_N t_N \tag{9-1}$$

式中　Q_N——蓄电池的额定容量，A·h；

$\quad\quad I_N$——额定放电电流，即 10h 放电率的放电电流，A；

$\quad\quad t_N$——放电至终止电压的时间，一般 t_N 等于 10h。

(2) 实际容量

蓄电池的实际容量 Q 为

$$Q = It \tag{9-2}$$

式中　Q——蓄电池的实际容量，A·h；

$\quad\quad I$——实际放电电流，A；

$\quad\quad t$——放电至终止电压的实际时间，h。

蓄电池的容量与极板的面积、电解液的密度及数量、放电电流、充电程度及环境温度等有关。

(3) 蓄电池的容量与放电电流的关系

蓄电池以大电流放电时，电压很快会降到最低允许值；以小电流放电时，端电压下降较慢。这是因为放电电流小时，极板细孔内电解液的浓度与容器内电解液的浓度相差小，可以充分发生化学反应；而放电电流大时，极板表面很快形成一层硫酸铅，它堵塞了极板的细孔，电解液不能进入细孔发生化学反应，使蓄电池内阻很快增大，从而使电压下降较快。

(4) 放电率

蓄电池放电到终止电压的时间称为放电率。电力系统规定，以 10h 放电率为标准放电率，此时的容量为蓄电池的额定容量。采用不同放电率的蓄电池，其容量是不同的。蓄电池 10h 放电到终止电压时的容量约是 1h 放电到终止电压时容量的 2 倍。

(5) 冲击放电

蓄电池不允许用过大电流放电，但在需要时允许在几秒内承担较大的冲击电流。冲击放电时间一般限定为5s。

9.2.2 蓄电池直流系统的分类

(1) 有端电池的直流系统

蓄电池数量的选择，应保证直流母线电压U_m在事故放电终止和充电末期维持在比用电设备电压高5%的水平上，对于220V直流系统，$U_m=230V$；对于110V直流系统，$U_m=115V$。

蓄电池总数由事故放电末期确定，可按下式计算：

$$n=\frac{U_m}{U_{fm}} \tag{9-3}$$

式中 n——蓄电池总数；

U_m——直流母线电压，对于220V直流系统$U_m=230V$，对于110V直流系统$U_m=115V$；

U_{fm}——事故放电末期每个电池的电压，对发电厂$U_{fm}=1.75V$，对变电所$U_{fm}=1.95V$。

基本电池数由充电末期确定，可按下式计算：

$$n_0=\frac{U_m}{U_{cm}} \tag{9-4}$$

式中 n_0——基本电池数；

U_{cm}——充电末期每个电池电压，$U_{cm}=2.7V$（发电厂和变电所相同）。

端电池数为

$$n_d=n-n_0 \tag{9-5}$$

式中 n_d——端电池数。

浮充电状态运行时，连接在直流母线上的蓄电池数可按下式计算：

$$n_v=\frac{U_m}{U_v} \tag{9-6}$$

式中 n_v——浮充电运行时，连接在直流母线上的电池数；

U_v——每个电池在浮充电状态时的电压，$U_v=2.15V$。

按式（9-3）~式（9-6）计算得出蓄电池个数如表9-1所示。

(2) 无端电池的直流系统

由于没有端电池，蓄电池个数应保证蓄电池在各种正常运行工况时直流母线电压不超过允许值，同时又在事故放电末期，能够维持直流母线的电压水平，保证满足直流负荷用电要求。

表 9-1　有端电池的直流系统的蓄电池个数

电厂电压等级	发电厂		变电所	
	220V	110V	220V	110V
蓄电池总数 n	130	66	118	60
基本电池数 n_0	88	44	88	44
端电池数 n_d	42	22	30	16
浮充状态电池数 n_v	106～108	52～54	106～108	52～54

无端电池的直流系统蓄电池的数量，可按下述条件选择。

① 保证在事故放电末期，维持直流母线的电压水平，即

$$n = \frac{0.85U_e}{U_{jn}} \tag{9-7}$$

式中　n——蓄电池个数；

　　　U_e——直流母线额定电压，V；

　　　U_{jn}——蓄电池的终止电压，V。

② 蓄电池在均衡充电时，直流母线最大电压不应超过允许值，即

$$U_{m \cdot max} = nU_B \tag{9-8}$$

式中　U_B——每个蓄电池均衡充电电压，一般为 2.25～2.35V；

　　　$U_{m \cdot max}$——均衡充电时直流母线最大电压（其值应不大于直流负荷最大允许电压值），V。

9.2.3　蓄电池直流系统的运行方式

蓄电池直流系统是由充电设备、蓄电池组、浮充电设备和相关的开关及测量仪表组成，一般采用单母线或单母线分段的接线方式。蓄电池组的运行方式有两种：充电-放电运行方式和浮充电运行方式。

(1) 充电-放电运行方式

充电-放电运行方式是将充好电的蓄电池组接在直流母线上对直流负荷供电，除充电时间外，充电装置是断开的。为了保证直流系统供电的可靠性，在蓄电池放电到容量的 75%～80%时，即应停止放电，准备充电。蓄电池在充电时，直流负荷应由已充好电的另一组蓄电池供电。如果没有第二组蓄电池，则当充电时，充电装置应兼供直流负荷。

(2) 浮充电运行方式

浮充电运行方式是除专门充电用硅整流装置 U1 外，另外装设一台容量较小的硅整流器 U2 作为浮充电整流器，将充好电的蓄电池与浮充电整流器 U2 并联工作，除供给直流母线上经常性负荷外，并以不大的电流向蓄电池浮充电，使蓄电池处于满充电状态，浮充电运行的蓄电池主要承担短时冲击负荷。

图 9-3 所示是按浮充电运行方式工作的直流系统接线图。浮充电整流器 U2 经常给蓄电池组进行浮充电，采用了双母线接线，供电的可靠性大为提高，蓄电池组

回路装有两组刀开关，可以切换至任一组母线上。每组母线上各装一套电压监察装置和闪光装置，信号部分各装一套，而绝缘监察装置的表计为两组母线共用。为便于蓄电池放电，充电整流器宜采用能实现逆变的整流装置。

浮充电整流器 U2 回路中装有双投开关 QK4，可使 U2 向母线和蓄电池组进行充电。在其出口处还装有电流表 PA4 和电压表 PV3，以监视其浮充的电流和电压值。

蓄电池组回路装有两组开关 QK1 和 QK2，熔断器、两只电流表 PA1、PA2 和一只电压表 PV1。熔断器作为短路保护。电流表 PA1 为双向 5A—0—5A 式，用以测量充电和放电电流；电流表 PA2 正常被短接，当测量浮充电流时，可利用按钮 SB 使接触器 KM 的触点断开后测读。电压表 PV1 用来监视蓄电池组的电压。

为了提高直流系统供电的可靠性，往往采用两组 220V 蓄电池组，分别接在一组母线上，浮充电设备也采用两套，各对一组蓄电池组进行浮充电。专用充电设备则可共用一套。

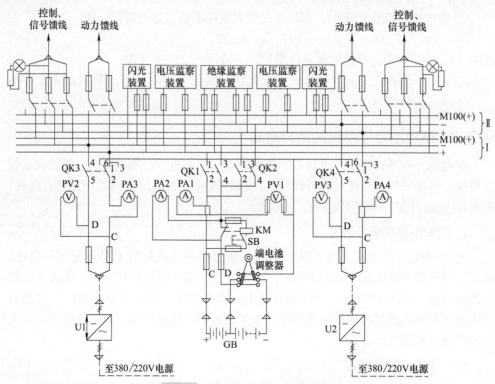

图 9-3　浮充电式直流系统接线图

9.2.4　镉镍蓄电池的直流系统

(1) 镉镍蓄电池组的直流电源组成

如图 9-4 所示，镉镍蓄电池直流系统由充电设备、蓄电池、浮充电设备和相应的开关和监测仪表组成。

　　蓄电池组 GB 不带端电池，它经电压调整器 V 接入直流母线，并向控制及信号负荷供电，直流母线接有电压监视继电器 K1、绝缘监察装置、电压监察装置及闪光装置；直流母线上的动力负荷直接由蓄电池组供电。

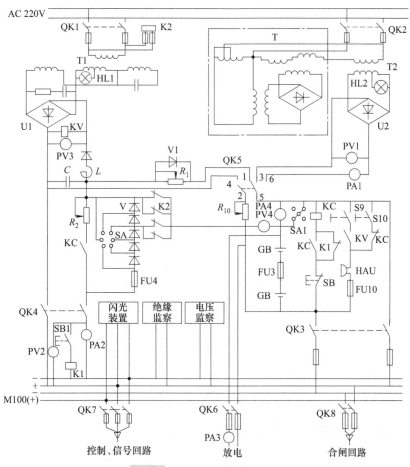

图 9-4　镉镍蓄电池直流系统

　　浮充电设备由隔离变压器 T1 与其输入电源监视继电器 K2、T1 输出监视指示灯 HL1、单相桥式整流器 U1 与其输出监视电压表 PV3、U1 整流输出电压继电器 KV 等组成；浮充电设备的作用与铅酸蓄电池组相同。

　　充电设备由隔离变压器 T2 与其输出监视指示灯 HL2、充电电流调整器 T、单相桥式整流器 U2 与其输出电压表 PV1、充电电流表 PA1 等组成。

(2) 镉镍蓄电池组的运行方式

　　镉镍蓄电池组的运行方式也有两种，即充电和浮充电方式。QK5 为镉镍蓄电池 GB 充电和浮充电切换双投开关。

① 蓄电池充电。蓄电池 GB 充电时,双投开关 QK5 置充电位置,即 2-3、5-6 触点接通,使充电整流器 U2 经限流电阻 R_{10} 向蓄电池 GB 充电,并利用电压表 PV1 和电流表 PA1 监视充电电压和充电电流,其大小可由充电电流调节器 T 和限流电阻 R_{10} 进行调节。

② 蓄电池浮充电。此时,双投开关 QK5 置于浮充电位置,即 1-2、4-5 触点接通,浮充电整流器 U1 经电压调整器 V 和开关 QK4 向控制与信号负荷供电,同时以小电流向蓄电池充电;电压调整器 V 由若干个串联二极管和转换开关 SA 等组成,镉镍蓄电池组在浮充电和放电末期端电压变化大,通过调整串联二极管的数量,维持直流母线电压在允许的范围内。对电压调整器及内装串联二极管数量的控制,分为手动控制和自动控制两种。

a. 手动控制。通过转换开关 SA 来控制相应数量的二极管短接或接入。当直流母线电压低于允许值时,可根据降低的幅度,通过操作转换开关 SA,可以短接一定数量的二极管,以达到提高输出电压的目的。

b. 自动控制。当浮充电设备隔离变压器 T1 的输入电源电源下降或消失时,继电器 K2 失磁;K2 动断触点闭合,蓄电池组经电压调整器 V 接入直流母线,并向控制及信号负荷供电,同时启动中间继电器 KC;KC 的动合触点闭合,将电压调整器 V 中的二极管全部短接;同时 KC 的动断触点经手动开关 S10 使蜂鸣器 HAU 带电,并发出音响信号。拉开开关 S10 可解除音响信号。按钮 SB 用来复归中间继电器 KC。当 T1 的输入电源电压恢复时,继电器 K2 励磁,K2 动断触点断开,蓄电池组停止向控制及信号直流母线供电,改为浮充电设备向控制及信号直流母线供电。

c. 当直流母线电压下降时,母线电压监视继电器 K1 失磁,其动断触点闭合,启动信号系统,发出"直流母线电压下降"信号。

9.3 硅整流电容储能直流系统

硅整流电容储能直流系统是通过硅整流设备,将交流电源变换为直流电源,作为发电厂和变电站的直流操作电源。为了在交流系统发生短路故障时,仍然能使控制、保护及断路器可靠动作,系统还装有一定数量的储能电容器。

9.3.1 硅整流电容储能直流系统

如图 9-5 所示,硅整流电容储能直流系统通常由两组整流器 U1 和 U2、两组电容器 CⅠ和 CⅡ、隔离变压器 T1 和 T2、刀开关 QK1 和 QK2 开关、电阻、二极管、熔断器等组成。

Ⅰ母线为合闸母线,向断路器合闸回路供电。整流器 U1 向Ⅰ母线供电,也兼向Ⅱ母线供电。由于Ⅰ母线的合闸功率较大,所以 U1 采用三相桥式整流回路,并

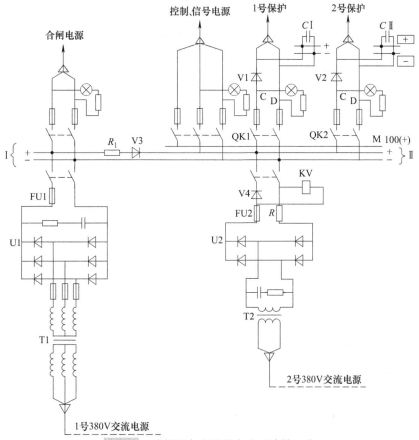

图 9-5 硅整流电容储能直流系统的组成

利用隔离变压器 T1 的二次抽头,实现电压调整,以保证 I 母线电压为 220V,同时 T1 也起到了交流、直流的隔离作用。整流器 U2 仅向 II 母线供电,采用单相桥式整流电路,也采用了隔离变压器 T2,并通过调整 T2 的二次抽头,保证 II 母线电压为 220V。在 I、II 组母线之间用电阻 R_1 和二极管 V3 隔开。V3 起逆止阀的作用,它只允许 I 母线向 II 母线供电,而不能反向供电,以保证 II 母线供电的可靠性,防止在断路器合闸时,或 I 母线发生短路时,引起 II 母线电压严重降低,电阻 R_1 用来保护 V3,即当 II 母线发生短路故障时,限制流过 V3 的电流。FU1 和 FU2 为快速熔断器,作为 U1 和 U2 的短路保护。整流器 U2 的输出回路装有电阻 R,作用是保护整流器 U2;低电压继电器 KV 并接在 U2 的输出端,当 U2 输出电压降到一定程度或消失时,由电压继电器 KV 发出预告信号;串接隔离二极管 V4 的作用是防止 U2 输出电压消失后由 I 母线向电压继电器 KV 供电。

在正常情况下,I、II 组母线上的所有直流负载均由整流器 U1 和 U2 供电,并给储能电容器 $C\,I$ 和 $C\,II$ 充电,即 $C\,I$ 和 $C\,II$ 处于浮充电状态。

在事故情况下,电容器 $C\,I$ 和 $C\,II$ 所存储的电能作为继电保护和断路器跳闸回路的直流电源。其中一组（$C\mathrm{I}$）向 6～10kV 馈线继电保护和跳闸回路（即 Ⅰ 号保护）供电；另一组（$C\mathrm{II}$）向主变压器保护、电源进线保护及其跳闸回路（即 Ⅱ 号保护）供电。这样，当 6～10kV 馈线上发生故障，继电保护装置动作，但因断路器操作机构失灵而不能跳闸（此时由于跳闸线圈长时间通电，已将电容器 $C\mathrm{I}$ 储存的能量耗尽）时，使起后备保护作用的上一级主变压器过流保护，仍可利用电容器 $C\mathrm{II}$ 存储的能量，将故障切除。$C\mathrm{I}$、$C\mathrm{II}$ 充电回路二极管 V1 和 V2 起止逆阀作用，用来防止事故情况下，电容器 $C\mathrm{I}$ 和 $C\mathrm{II}$ 向接于 Ⅱ 母线上的其他回路供电。

9.3.2 储能电容器的检查装置

为了防止储能电容器老化、失效及回路断线等原因造成电容器容量降低，应定期检查电容器的电压、泄漏电流和容量。检查装置电路如图 9-6 所示。

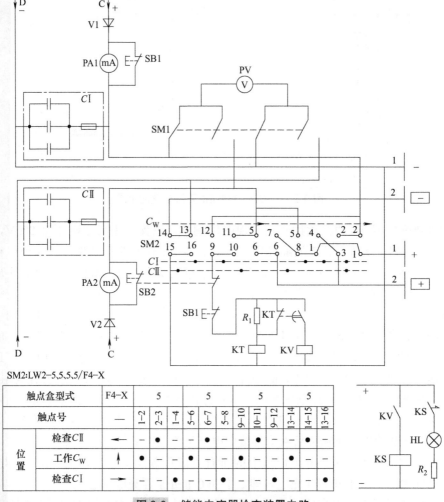

SM2:LW2-5,5,5,5/F4-X

触点盒型式	F4-X	5		5		5		5	
触点号	—	1-2	2-3	1-4	5-6	6-7	5-8	9-10	10-11	9-12	13-14	14-15	13-16
位置 检查$C\mathrm{II}$	←	—	●	—	—	●	—	●	—	—	—	●	—
位置 工作C_W	↑	●	—	—	●	—	—	●	—	—	●	—	—
位置 检查$C\mathrm{I}$	→	—	—	●	—	—	●	—	—	●	—	—	●

图 9-6 储能电容器检查装置电路

储能电容器检查装置是由继电器（KT、KV 和 KS）、转换开关（SM1、SM2）、按钮（SB1、SB2）和测量仪表（PA1、PA2、PV）组成。

电压表 PV 经转换开关 SM1 的切换可用来监测电容器 $C\text{I}$ 和 $C\text{II}$ 两端电压。

毫安表 PA1（或 PA2）和试验按钮 SB1（或 SB2），用来检查 $C\text{I}$（或 $C\text{II}$）的泄漏电流。正常工作时，毫安表 PA1（或 PA2）被试验按钮 SB1（SB2）短接；测量时，按下试验按钮，其动断触点断开，就可测得泄漏电流，同时解除电容器检查回路。

继电器 KT、KV 和 KS 和转换开关 SM2 用来检查电容器的容量。SM2 选用 LW2-5、5、5、5/F4-X 型转换开关，它有三个位置："工作（C_w）"位置，"检查（$C\text{I}$）"位置，"检查（$C\text{II}$）"位置。其工作原理如下。

① 正常运行时转换开关 SM2 置于（C_w）位置，其触点 1-2、5-6 接通，则储能电容器 $C\text{I}$ 经触点 1-2 向母线 I 供电；储能电容器 $C\text{II}$ 经触点 5-6 向母线 II 供电。

② 将转换开关 SM2 置于（$C\text{I}$）位置时，其触点 1-4、5-8、9-12、13-16 接通，此时电容器 $C\text{II}$ 继续运行，并经触点 1-4、5-8 和 13-16 向母线 I 和母线 II 供电，而电容器 $C\text{I}$ 处于被检查的放电状态，即 $C\text{I}$ 经 SM2 的触点 9-12 接至时间继电器 KT 线圈上（$C\text{I}$ 通过 KT 线圈进行放电），使 KT 动作，其动断触点断开，电阻 R_1 串入（以减少时间继电器能量消耗）；KT 延时闭合的动合触点经延时 t（考虑可靠性，放电时间 t 应比保护装置的动作时间大 0.5～1s）后，接通过电压继电器 KV 线圈。若 $C\text{I}$ 经 t 放电后，其残压大于过电压继电器 KV 的整定值，KV 就动作，其动合触点闭合，使信号继电器 KS 动作并掉牌，同时点亮信号灯 HL，表明电容器 $C\text{I}$ 的电容量正常。如果时间继电器 KT 或过电压继电器 KV 不能启动，则表明电容器 $C\text{I}$ 的电容值下降或有开路现象，应逐一检查和更换损坏的电容器。

③ 当将转换开关 SM2 置于"$C\text{II}$"位置时，其触点 2-3、6-7、10-11、14-15 接通，此时电容器 $C\text{I}$ 承担 I、II 母线上的负载，而电容 $C\text{II}$ 则处于被检查的放电状态，动作情况同前。

采用硅整流电容储能直流操作电源时，在控制回路中，原来接控制小母线（即 +、-）的信号灯及自动重合闸继电器，改接至信号小母线 +700 上，使发生故障时，不消耗电容器所储存的能量。

9.4　直流系统监察装置和电压监视装置

直流系统的绝缘水平直接影响直流回路的可靠性，如果直流系统中发生两点接地可能引起严重的后果，例如在直流系统中已有一点接地，再在保护装置出口继电器或断路器跳闸线圈另一极接地时，则将使断路器误动作。

为了防止由于两点接地可能发生的误跳闸，必须在直流系统中装设连续工作且

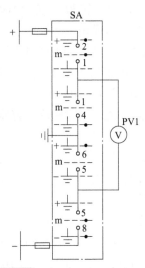

图 9-7 简单的绝缘监察装置

足够灵敏的绝缘监察装置。当 220V（110V）直流系统中任何一极的绝缘下降到 15～20kΩ（2～5kΩ）时，绝缘监察装置应发出灯光和音响信号。

为了监视直流的电压状况，直流系统设有电压监视装置，当系统出现低电压或过电压时，发出信号。

（1）绝缘监察装置

① 简单的绝缘监察装置　简单的绝缘监察装置是由电压表（PV1）和转换开关（SA）组成，如图 9-7 所示。根据 PV1 测得的电压值，粗略地估算正、负母线对地的绝缘电阻，从而达到绝缘监察的目的。

图中，SA 为 LW2-W-6a，6，1/F6 型转换开关，有"m（母线）"、"－对地"、"＋对地"三个位置，见表 9-2。开关平时置于"m（母线）"位置，其触点 1-2、5-8 接通，使电压表测量正、负极母线电压 U_m。当 SA 切换至"＋对地"位置时，触点 1-2、5-6 接通，可测得正电源母线对地电压 $U_{(+)}$。当 SA 切换至"－对地"位置时，触点 5-8、1-4 接通，可测得负电源母线对地电压 $U_{(-)}$。正、负电源母线绝缘电阻可用下式估算：

$$\left.\begin{array}{l} R_{(+)} = R_V \left[\dfrac{U_m - U_{(+)}}{U_{(-)}} - 1 \right] \\[3mm] R_{(-)} = R_V \left[\dfrac{U_m - U_{(-)}}{U_{(+)}} - 1 \right] \end{array}\right\} \tag{9-9}$$

式中　$R_{(+)}$、$R_{(-)}$——正、负母线对地绝缘电阻，Ω；

　　　$U_{(+)}$、$U_{(-)}$——测得的正、负母线对地电压，V；

　　　　　U_m——直流母线电压，V；

　　　　　R_V——电压表 PV1 的内阻，Ω。

可见，若测得的 $U_{(+)} = U_{(-)} = 0$，表明直流系统绝缘良好，因为母线没有接地，母线电压表 PV1 构不成回路；若测得的 $U_{(+)} = 0$，$U_{(-)} = U_m$，表明正母线接地；若测得的结果相反，表明负母线接地；若测得的 $U_{(+)}$ 和 $U_{(-)}$ 在 $0 \sim U_m$ 之间，可根据式（9-9）估算正、负母线对地绝缘电阻 $R_{(+)}$ 和 $R_{(-)}$。

这种绝缘监察装置主要用于小型变电站，在发电厂和大、中型变电站中作为辅助的绝缘监察装置，用来粗略估算哪个母线绝缘能力降低。

② 电磁型继电器构成的绝缘监察装置　图 9-8 所示为电磁继电器构成的绝缘监察装置，由信号部分和测量部分组成，信号部分用来判断直流系统绝缘是否下降或接地，若下降或接地，则发出灯光及音响信号；测量部分用来判断直流系统哪一

极绝缘是否下降或接地，为查找接地点提供依据。装置适用于单母线供电的直流系统，是发电厂和变电站广泛采用的一种绝缘监察装置。

表 9-2　LW2-W-6a、6、1/F6 开关图表

在"断开"位置手把（正面）样式和触点盒（背面）	（图）	1 2 / 4 3（图）	5 6 / 8 7（图）	9 10 / 11 12（图）
手把和触点盒的型式	F6	6a		6		1	
触点号 / 位置	—	1-2	1-4	5-6	5-8	9-11	10-12
m（母线）	（图）	·		·		·	
一对地	（图）		·		·		·
＋对地	（图）		·		·		·

图中，SM 为 LW-2、2、2、2/F4-8X 型转换开关，有"Ⅰ"、"Ⅱ"两个位置；SM1 为 LW-2、1、1、2/F4-8X 型转换开关，有测量"Ⅰ"、测量"Ⅱ"和信号"S"三个位置；SA 为 LW2-W-6a、6、1/F6 型转换开关。

两母线绝缘监察装置							信号部分工作原理
直流主母线及转换开关	熔断器	第Ⅰ组	第Ⅱ组			预告信号	
		信号部分	测量部分	信号部分	测量部分	Ⅰ母线接地	Ⅱ母线接地

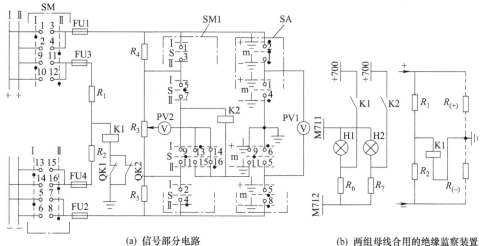

(a) 信号部分电路　　　　　(b) 两组母线合用的绝缘监察装置

图 9-8　电磁型继电器构成的绝缘监察装置

在图 9-8（a）中，当 SM 置"Ⅱ"位置时，第Ⅰ组母线装有信号部分；第Ⅱ组母线装有信号部分和测量部分，其测量部分为两组母线公用。

第Ⅰ组母线信号部分的工作原理如图 9-8（b）所示。电路由信号继电器 K1 和

电阻 R_1、R_2 组成。$R_1 = R_2$（均为 1kΩ），并与直流系统正、负母线对地绝缘电阻 $R_{(+)}$ 和 $R_{(-)}$ 组成电桥的四个臂。继电器 K1 接于电桥的对角线上，相当于直流电桥中检流计。正常运行时，直流母线正、负两极对地电阻 $R_{(+)}$ 和 $R_{(-)}$ 相等，继电器 K1 线圈中只有微小的不平衡电流流过，继电器 K1 不动作。当某一极的绝缘电阻下降至低于允许值时，电桥失去平衡，当继电器 K1 线圈中流过的电流足够大时，K1 动作，其动合触点闭合，点亮光字牌 H1，显示"Ⅰ母线接地"字样，并发出预告音响信号。

继电器 K1 通过蓄电池出口回路的两组开关的辅助动断触点 QK1 和 QK2 并联后接地。当两组母线并列运行时，开关 QK1 和 QK2 全部投入，其辅助动断触点都断开，使第Ⅰ组母线绝缘监察装置退出工作。因为此时只需一套绝缘监察装置即可满足要求，否则将影响绝缘监察装置的灵敏度。

第Ⅱ组母线绝缘监察装置装有信号部分和测量部分，信号部分由继电器 K2 和电阻 R_4、R_5 组成。其工作原理与 K1、R_1、R_2 电路相同。测量部分由母线电压表 PV1、绝缘电压表 PV2、转换开关 SM1 及 SA 组成。PV1 用于检测正、负母线之间或正、负母线对地电压；PV2 用于测量直流系统对地或正、负母线对地的绝缘电阻。

如果发出"Ⅱ母线接地"信号时，首先利用 SA 和 PV1 分别测量出正、负母线间电压 U_m、正母线对地电压 $U_{(+)}$、负母线对地电压 $U_{(-)}$，再根据式（9-10）判断Ⅱ母线哪个绝缘电阻降低；然后将 SA 置"m"位置，使其触点 9-11 接通；再利用 SM1 和 PV2 测量绝缘电阻，其测量方法如下。

a. 判断为正母线绝缘能力降低时。将 SM 置"Ⅰ"位置，此时触点 1-3、13-15 接通，接入电压表 PV2 并将 R_4 短接。调节电阻 R_3，使 PV2 指示为零，读取 R_3 的百分数 X 值。

再将 SM 置"Ⅱ"位置，此时触点 2-4、14-16 接通，接入电压表 PV2 并将 R_5 短接，PV2 指示的数值为直流系统对地总的绝缘电阻 R，则正、负母线对地绝缘电阻为

$$\left.\begin{array}{l} R_{(+)} = \dfrac{2R}{2-X} \\[3mm] R_{(-)} = \dfrac{2R}{X} \end{array}\right\} \tag{9-10}$$

b. 判断为负母线绝缘能力降低时。将 SM 置"Ⅱ"位置，接入电压表 PV2 并将 R_5 短接，调节电阻 R_3，使 PV2 指示为零，读取 R_3 的百分数 X 值。

再将 SM 置"Ⅰ"位置，接入电压表 PV2 并将 R_4 短接。PV2 指示的数值为 R，则正、负母线对地绝缘电阻为

$$\left.\begin{array}{l} R_{(+)} = \dfrac{2R}{1-X} \\[3mm] R_{(-)} = \dfrac{2R}{1+X} \end{array}\right\} \tag{9-11}$$

式中　R——直流系统对地总的绝缘电阻，Ω；

　　　X——R_3 电阻刻度的百分值。

(2) 直流母线的电压监察装置

直流母线电压应保持在规定的范围内，从而保证控制装置、信号装置、继电保护和自动装置可靠动作和正常运行。如果直流母线上的电压过高，对长期带电的设备（如继电器、信号灯等）会造成损坏或缩短其使用寿命；如果电压过低，可能使继电保护装置和断路器操动机构拒绝动作。图 9-9 所示为直流母线电压监察装置电路，用来监视直流系统母线电压。

图中，KV1 为低电压继电器，KV2 为过电压继电器。当直流母线电压低于或高于允许值时，电压继电器 KV1 或 KV2 动作，点亮光字牌 H1 或 H2，发出预告信号。

通常低电压继电器 KV1 的动作电压整定为直流母线额定电压的 75%，过电压继电器 KV2 的动作电压整定为直流母线额定电压的 125%。

(3) 闪光装置

发电厂和变电站的直流系统通常装有闪光装置，作为断路器控制回路的闪

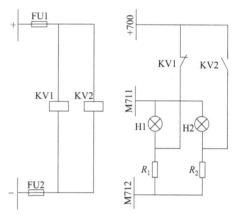

图 9-9　直流母线电压监察装置电路

光电源。闪光装置接线如图 9-10 所示，由 DX-3 型闪光继电器、试验按钮 SB 和信号灯 HL 组成；M100（＋）为闪光小母线。

正常运行时，信号灯 HL 亮，说明直流电源和熔断器完好；此时，闪光小母线 M100（＋）不带电，闪光继电器不动作。

按下试验按钮 SB 后，直流小母线正电源经闪光继电器的常闭触点 K、电容器 C、电阻 R、按钮 SB 的动合触点、信号灯 HL 和电阻 R_1 与小母线负电源相连，电容器 C 开始充电；闪光小母线 M100（＋）电位降低，信号灯 HL 因两端电压降低而变暗。随着并联在闪光继电器线圈两端的电容 C 因充电电压不断升高，当达到闪光继电器的动作电压时，闪光继电器动作；其常开触点闭合，信号灯 HL 两端因电压升高而变亮，闪光小母线 M100（＋）电位升高；同时闪光继电器的动断触点 K 打开，电容 C 停止充电。电容 C 开始对闪光继电器线圈放电，电容 C 两端电压降到闪光继电器 K 返回电压时，闪光继电器 K 返回，其动合触点打开，HL 又变暗；动断触点 K 闭合，又开始对电容 C 充电。这样周而复始，信号灯 HL 一暗一亮连续闪光，同时闪光小母线 M100（＋）电位一低一高。

放开试验按钮 SB 后，信号灯 HL 由闪光变为平光。

　　对中小容量机组发电厂一般采取主控制室的控制方式，其闪光装置由直流屏配套供应，一段母线设一套。对大容量机组的发电厂采用集中控制方式，要按不同系统或控制地点分开装设两组以上的闪光装置；闪光装置可装设在直流屏上、中央信号屏上或相关的控制继电器屏上。

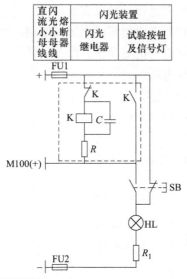

图 9-10　闪光继电器构成的闪光装置

附录

附录一　电气常用新旧图形符号对照表

序号	名　　称	图形符号	
		新	旧
1	同步发电机、直流发电机		
2	交流电动机、直流电动机		
3	变压器		
4	电压互感器	形式1　形式2	
5	电流互感器 有两个铁芯和两个二次绕组	形式1　形式2	
	电流互感器 有一个铁芯和两个二次绕组	形式1　形式2	
6	电铃	或	
7	电警笛、报警器		
8	蜂鸣器	或	
9	电喇叭		
10	灯和信号灯、闪光型信号灯		或
11	机电型位置指示器		

续表

序号	名　称	图形符号	
		新	旧
12	断路器、自动开关		断路器　自动开关
13	隔离开关		
14	负载开关		
15	三极开关单线表示		
	三极开关多线表示		
16	击穿保险		
17	熔断器		
18	接触器(具有灭弧触点)常开(动合)触点		
	常闭(动断)触点		
19	操作开关　例如:带自复机构及定位的 LW2-Z-1a,4,6a,40,20,20/F8 型转换开关部分触点图形符号。　···表示手柄操作位置;　"·"表示手柄转向此位置时触点闭合	跳后,跳,预跳　预合,合 合后TD T PT　　PC C CD	⑧ ⑤　⑩ ⑪　⑫ ⑨　⑮ ⑭　⑬ ⑯　⑦ ⑥

续表

序号	名 称	图形符号	
		新	旧
20	按钮(不保持) 动合 动断		
21	手动开关		
22	电磁锁		
23	位置开关、限位开关 常开(动合)触点 常闭(动断)触点		或 或
24	非电量触点 常开(动合)触点 常闭(动断)触点		
25	热继电器常闭(动断)触点		
26	电阻	1W 0.5W 0.125W 0.25W	
27	可变电阻 滑线电阻 滑线电位器		
28	电容 一般形式 电解电容		
29	电感、线圈、扼流圈、绕组 一带铁芯的电感器		

续表

序号	名　　称	图形符号	
		新	旧
30	反向阻断三相晶体闸流管 一般形式 阳极受控 阴极受控		
31	三极管　PNP 型 NPN 型		
32	二极管一般符号 发光二极管 单向击穿二极管 双向击穿二极管 双向二极管 交流开关二极管		
33	蓄电池　形式 1 形式 2 带抽头		
34	桥式整流		
35	整流器		
36	逆变器		
37	整流器 / 逆变器		
38	连接片　闭合 断开	形式1 形式2	
39	切换片		

续表

序号	名　称	图形符号	
		新	旧
40	端子　一般端子 可拆卸的端子	○ ∅	∅或○
41	继电器、接触器线圈		
42	交流继电器线圈		
43	双绕组继电器线圈 集中表示 分开表示		
44	极化继电器线圈		
45	热继电器驱动器件		
46	继电器、开关 常开(动合)触点	形式1 形式2	继电器　开关
47	常闭(动断)触点		或　　或
48	先断后合的转换触点		或
49	先合后断的转换触点	或	
50	单极转换开关 中间断开的双向触点		

序号	名 称	图形符号	
		新	旧
51	继电器、接触器 被吸合时暂时闭合的常开触点 被释放时暂时闭合的常开触点 被吸合或被释放时暂时闭合的常开触点		继电器　接触器
52	继电器、接触器 延时闭合的常开触点 延时断开的常开触点 延时闭合的常开触点 延时断开的常开触点 吸合时延时闭合和释放时延时断开的常开触点	形式1 形式2 形式1 形式2 形式1 形式2 形式1 形式2	继电器　接触器 继电器　接触器
53	仪表的电流线圈	─○─	─○─
54	仪表的电压线圈	─○─	─○─
55	电压表	(V)	(V)
56	电流表	(A)	(A)
57	有功功率表	(W)	(W)
58	无功功率表	(var)	(var)
59	频率表	(Hz)	(Hz)
60	同步表	(↑)	(↑)
61	记录式有功功率表	[W]	[W]

续表

序号	名　称	图形符号 新	图形符号 旧
62	记录式无功功率表	var	var
63	记录式电流、电压表	A　V	A　V
64	有功电能表 　一般符号 　测量从母线流出的电能 　测量流向母线的电能 　测量单向传输电能	Wh Wh Wh Wh	Wh Wh Wh Wh
65	无功电能表	varh	varh
66	信号继电器 　机械保持的常开(动合)触点 　机械保持的常闭(动断)触点		
67	"或"单元	≥1	+

附录二　电气常用新旧文字符号对照表

序号	名称	新符号	旧符号	序号	名称	新符号	旧符号
1	保护装置	AP		38	防跳继电器	KCF	TBJ
2	电源自动投入装置	AAT	BZT	39	出口继电器	KCO	BCJ
3	重合闸装置	APR	ZCH	40	跳闸位置继电器	KCT	TWJ
4	远动装置	ATA		41	合闸位置继电器	KCC	HWJ
5	中央信号装置	ACS		42	事故信号继电器	KCA	SXJ
6	自动准同步装置	ASA	ZZQ	43	预告信号继电器	KCR	YXJ
7	手动准同步装置	ASM		44	绝缘监察继电器	KVI	
8	自同步装置	AS		45	电源监视继电器	KVS	JJ
9	测量变送器,传感器	B		46	压力监视继电器	KVP	
10	电容器	C		47	保持继电器	KL	
11	避雷器	F		48	接触器	KM	C
12	放电间隙	F		49	闭锁继电器	KCB	BSJ
13	熔断器	FU	RD	50	电抗器	L	
14	交流发电机	GA		51	电感器	L	
15	直流发电机	GD		52	线圈	L	
16	同步发电机;发生器	GS		53	永磁铁	L	
17	蓄电池	GB		54	电动机	M	
18	警铃	HAB		55	同步电动机	MS	
19	蜂鸣器、电喇叭	HAU		56	电流表	PA	
20	信号灯、光指示器	HL		57	电压表	PV	
21	跳闸信号灯	HLT		58	计数器	PC	
22	合闸信号灯	HLC		59	电能表	PJ	
23	光字牌	H		60	有功功率表	PPA	
24	电流继电器	KA	J	61	无功功率表	PPR	
25	过电流继电器	KAO	LJ	62	断路器	QF	DL
26	零序电流继电器	KAZ	LDJ	63	隔离开关	QS	G
27	电压继电器	KV	YJ	64	接地隔离开关	QSE	
28	过电压继电器	KVO		65	刀开关	QK	DK
29	欠电压继电器	KVU		66	自动开关	QA	ZK
30	零序电压继电器	KVZ	LYJ	67	灭磁开关	Q	MK
31	同步监察继电器	KY	TJJ	68	电阻器;变阻器	R	R
32	极化继电器	KP	JJ	69	电位器	RP	
33	干簧继电器	KRD		70	压敏电阻	RV	
34	闪光继电器	KH		71	分流器	RS	
35	时间继电器	KT	SJ	72	控制开关	SA	KK
36	信号继电器	KS	XJ	73	按钮开关	SB	AN
37	中间继电器	KC	ZJ	74	测量转换开关	SM	CK

续表

序号	名称	新符号	旧符号	序号	名称	新符号	旧符号
75	终端(限位)开关	S	XWK	91	合闸线圈	YC	HQ
76	手动准同步开关	SSM1	1STK	92	跳闸线圈	YT	TQ
77	解除手动准同步开关	SSM	STK	93	电磁锁	YA	DS
78	自动准同步开关	SSA1	DTK	94	交流系统电源第一相	L1	A
79	自同步开关	SSA2	ZTK	95	交流系统电源第二相	L2	B
80	分裂变压器	TU	B	96	交流系统电源第三相	L3	C
81	电力变压器	TM	B	97	交流系统设备端第一相	U	A
82	转角变压器	TR	ZB	98	交流系统设备端第二相	V	B
83	电流互感器	TA	TA	99	交流系统设备端第三相	W	C
84	电压互感器	TV	TV	100	中性线	N	N
85	发光二极管	VL		101	保护线	PE	
86	稳压管	VS		102	接地线	E	
87	可控硅元件	VSO		103	保护和中性共用线	PEN	
88	三极管	VT		104	直流系统正电源	+	
89	连接片;切换片	XB	LP		直流系统负电源	—	
90	端子排	XT			中间线	M	

附录三 小母线新旧文字符号及其回路标号

序号	小母线名称	原编号		新编号	
		文字符号	回路符号	文字符号	回路符号
		直流控制、信号和辅助小母线			
1	控制回路电源	+KM、−KM	1、2、101、102；201、202、301、302；401、402	+、−	
2	信号回路电源	+XM、−XM	701、700	+700−700	7001、7002
3	事故音响信号（不发遥信时）	SYM	708	M708	708
4	事故音响信号（用于直流屏）	1SYM	728	M728	728
5	事故音响信号（用于配电装置）	2SYMⅠ、2SYMⅡ、2SYMⅢ	727Ⅰ、727Ⅱ、727Ⅲ	M7271、M7272、M7273	7271、7272、7273
6	事故音响信号（发遥信时）	3SYM	808	M808	808
7	预告音响信号（瞬时）	1YBM、2YBM	709、710	M709、M710	709、710
8	预告音响信号（延时）	3YBM、4YBM	711、712	M711、M712	711、712
9	预告音响信号（用于配电装置）	YBMⅠ、YBMⅡ、YBMⅢ	729Ⅰ、729Ⅱ、729Ⅲ	M7291、M7292、M7293	7291、7292、7293
10	控制回路断线预告信号	KDMⅠ、KDMⅡ、KDMⅢ、KDM	713Ⅰ、713Ⅱ、713Ⅲ	M7131、M7132、M7133、M713	
11	灯光信号	（−）DM	726	M726（−）	726
12	配电装置信号	XPM	701	M701	701
13	闪光信号	（+）SM	100	M100（+）	100
14	合闸电源	+HM、−HM		+、−	
15	"掉牌未复归"光字牌	FM、PM	703、716	M703、M716	703、716
16	自动调速脉冲	1TZM、2TZM	717、718	M717、M718	717、718
17	自动调压脉冲	1TYM、2TYM	Y717、Y718	M7171、M7172	7171、7172
18	同步合闸	1THM、2THM、3THM	721、722、723	M721、M722、M723	721、722、723
19	隔离开关操作闭锁	GBM	880	M880	880
20	母线设备辅助信号	+MFM、−MFM	701、702	+702、−702	7021、7022

序号	小母线名称	原编号		新编号	
		文字符号	回路符号	文字符号	回路符号
		直流控制、信号和辅助小母线			
21	同步电压(运行系统)小母线	TQM'_a、TQM'_c	A620、C620	$L1'$-620、$L3'$-620	U620、W620
22	同步电压(待并系统)小母线	TQM_a、TQM_c	A610、C610	L1-610、L3-610	U610、W610
23	第一组(或奇数)母线段电压小母线	$1YM_a$、1YMb(YMb)、$1YM_c$、1YML、1ScYM、YMN	A630、B630(B600)、C630、L630、Sc630、N600	L1-630、L2-630(600)、L3-630、L-630、L3-630(试)、N-600	U630、V630(V600)、W630、L630、(试)、W630、N600(630)
24	第二组(或偶数)母线段电压小母线	$2YM_a$、2YMb(YMb)、$2YM_c$、2YML、2ScYM、YMN	A640、B640(B600)、C640、L640、Sc640、N600	L1-640、L2-640(600)、L3-640、L-640、L3-640(试)、N-600	U640、V640(V600)、W640、L640、(试)、W640、N600(640)
25	转角小母线	ZM_a、ZM_b、ZM_c	A790、B790、C790	L1-790、L2-790、L3-790	U790、V790、W790
26	电源小母线	DYM_a、DYMN		L1、N	

参 考 文 献

[1] 文锋. 发电厂及变电所的控制（二次部分）. 北京：中国电力出版社，1998.

[2] 邹平. 实用电气二次回路 200 例. 北京：中国电力出版社，2000.

[3] 袁乃志. 发电厂和变电站电气二次回路技术. 北京：中国电力出版社，2004.

[4] 何永华. 发电厂及变电站的二次回路. 北京：中国电力出版社，2007.

[5] 沈诗佳. 电力系统继电器保护及二次回路. 北京：中国电力出版社，2007.

[6] 戴宪滨，杨志辉. 发电厂及变电站的二次回路. 北京：中国水利水电出版社，2008.

[7] 文锋. 发电厂与变电站的二次接线及实例分析. 北京：机械工业出版社，2008.

[8] 熊为群，陶然. 继电保护自动装置及二次回路. 北京：中国电力出版社，1999.

[9] 颜普元. 矿区变电所二次接线. 北京：煤炭工业出版社，1992.

[10] 王越明. 发电厂及变电站的二次回路与故障分析. 北京：化学工业出版社，2011.

化学工业出版社电气类图书推荐

书号	书名	开本	装订	定价/元
19148	电气工程师手册(供配电)	16	平装	198
06669	电气图形符号文字符号便查手册	大32	平装	45
10561	常用电机绕组检修手册	16	平装	98
10565	实用电工电子查算手册	大32	平装	59
16475	低压电气控制电路图册(第二版)	16	平装	48
12759	电机绕组接线图册(第二版)	横16	平装	68
13422	电机绕组图的绘制与识读	16	平装	38
15058	看图学电动机维修	大32	平装	28
15249	实用电工技术问答(第二版)	大32	平装	49
12806	工厂电气控制电路实例详解(第二版)	16	平装	38
08271	低压电动机控制电路与实际接线详解	16	平装	38
15342	图表细说常用电工器件及电路	16	平装	48
15827	图表细说物业电工应知应会	16	平装	49
15753	图表细说装修电工应知应会	16	平装	48
15712	图表细说企业电工应知应会	16	平装	49
16559	电力系统继电保护整定计算原理与算例(第二版)	B5	平装	38
09682	发电厂及变电站的二次回路与故障分析	B5	平装	29
08596	实用小型发电设备的使用与维修	大32	平装	29
11454	蓄电池的使用与维护(第二版)	大32	平装	28
11271	住宅装修电气安装要诀	大32	平装	29
11575	智能建筑综合布线设计及应用	16	平装	39
25098	电工操作技能一本通:精编版	16	平装	49
12759	电力电缆头制作与故障测寻(第二版)	大32	平装	29.8
13862	电力电缆选型与敷设(第二版)	大32	平装	29
09381	电焊机维修技术	16	平装	38
14184	手把手教你修电焊机	16	平装	39.8
13555	电机检修速查手册(第二版)	B5	平装	88
20023	电工安全要诀	大32	平装	23
20005	电工技能要诀	大32	平装	28
14807	农村电工速查速算手册	大32	平装	49
13723	电气二次回路识图	B5	平装	29
14725	电气设备倒闸操作与事故处理700问	大32	平装	48
15374	柴油发电机组实用技术技能	16	平装	78
15431	中小型变压器使用与维护手册	B5	精装	88
16590	常用电气控制电路300例(第二版)	16	平装	48
15985	电力拖动自动控制系统	16	平装	39
15777	高低压电器维修技术手册	大32	精装	98
18334	实用继电保护及二次回路速查速算手册	大32	精装	98
15836	实用输配电速查速算手册	大32	精装	58
16031	实用电动机速查速算手册	大32	精装	78
16346	实用高低压电器速查速算手册	大32	精装	68
16450	实用变压器速查速算手册	大32	精装	58
25618	实用变频器、软启动器及PLC实用技术手册(简装版)	大32	平装	39
16883	实用电工材料速查手册	大32	精装	78
17228	实用水泵、风机和起重机速查速算手册	大32	精装	58

书号	书名	开本	装订	定价/元
18545	图表轻松学电工丛书——电工基本技能	16	平装	49
18200	图表轻松学电工丛书——变压器使用与维修	16	平装	48
18052	图表轻松学电工丛书——电动机使用与维修	16	平装	48
18198	图表轻松学电工丛书——低压电器使用与维护	16	平装	48
18786	让单片机更好玩:零基础学用51单片机	16	平装	88
18943	电气安全技术及事故案例分析	大32	平装	58
18450	电动机控制电路识图一看就懂	16	平装	59
16151	实用电工技术问答详解(上册)	大32	平装	58
16802	实用电工技术问答详解(下册)	大32	平装	48
17469	学会电工技术就这么容易	大32	平装	29
17468	学会电工识图就这么容易	大32	平装	29
15314	维修电工操作技能手册	大32	平装	49
17706	维修电工技师手册	大32	平装	58
16804	低压电器与电气控制技术问答	大32	平装	39
20806	电机与变压器维修技术问答	大32	平装	39
19801	图解家装电工技能100例	16	平装	39
19532	图解维修电工技能100例	16	平装	48
20463	图解电工安装技能100例	16	平装	48
20970	图解水电工技能100例	16	平装	48
20024	电机绕组布线接线彩色图册(第二版)	大32	平装	68
20239	电气设备选择与计算实例	16	平装	48
19710	电机修理计算与应用	大32	平装	68
20628	电气设备故障诊断与维修手册	16	精装	88
21760	电气工程制图与识图	16	平装	49
21875	西门子S7-300PLC编程入门及工程实践	16	平装	58
22213	家电维修快捷入门	16	平装	49
20377	小家电维修快捷入门	B5	平装	48
21527	实用电工速查速算手册	大32	精装	178
21727	节约用电实用技术手册	大32	精装	148
23328	电工必备数据大全	16	平装	78
23556	怎样看懂电气图	16	平装	39
23469	电工控制电路图集(精华本)	16	平装	88
24169	电子电路图集(精华本)	16	平装	88
24073	中小型电机修理手册	16	平装	148
25593	电工技能全图解	大32	平装	28
25227	画说电工技能:彩图版	大32	平装	36

以上图书由化学工业出版社 电气出版分社出版。如要以上图书的内容简介和详细目录，或者更多的专业图书信息，请登录 www.cip.com.cn。

地址：北京市东城区青年湖南街13号 （100011）

购书咨询：010-64518888

如要出版新著，请与编辑联系。

编辑电话：010-64519265

投稿邮箱：gmr9825@163.com